James Garvey

Geistiger Klimawandel

James Garvey

Geistiger Klimawandel

Wie uns die Erderwärmung zum Umdenken zwingt

Aus dem Englischen übersetzt von Julia Meyer-Staufenbiel

Einbandgestaltung: Peter Lohse, Heppenheim
Einbandabbildung: „Im Trockenen sitzen". © Surrender / Fotolia.com
Lektorat: Karen David-Sirocko und Dietlind Grüne
Die englische Originalausgabe erschien 2008 unter dem Titel „The Ethics of Climate Change: Right and Wrong in a Warming World" bei Continuum.

Die Deutsche Nationalbibliothek verzeichnet diese Publikation in der Deutschen Nationalbibliografie; detaillierte bibliografische Daten sind im Internet über http://dnb.d-nb.de abrufbar.

Die Herausgabe dieses Werks wurde durch die Vereinsmitglieder der WBG ermöglicht.
Gedruckt auf säurefreiem und alterungsbeständigem Papier
Printed in Germany

Besuchen Sie uns im Internet: www.wbg-wissenverbindet.de

ISBN 978-3-534-23540-7

Inhalt

Einleitung

Es ist gar nicht so einfach, sich einer ernsthaften Auseinandersetzung mit dem Klimawandel zu stellen. Schnell fühlt man sich dabei überfordert, ja geradezu ausgeliefert. Ein Nachdenken über den Klimawandel bedeutet nämlich unter anderem ein Nachdenken über die Erderwärmung, den Tod unzähliger Lebewesen, über ungeheures menschliches Leid und viele weitere furchteinflößende Veränderungen. Klammern Sie Ihre ganz natürliche, durchaus verständliche emotionale Reaktion darauf ruhig erst einmal aus – aber behalten Sie sie dennoch im Hinterkopf. Zumindest würde ich Ihnen das vorschlagen, wenn sie sich zunächst überfordert fühlen: Dieses Gefühl geht vorüber. Ihr natürlicher Instinkt ist dennoch wichtig für eine ehrliche menschliche Schlussfolgerung. Die Impulse aus Ihrem Unterbewusstsein sind genauso essentiell wie eine ausgefeilte intellektuelle Analyse. Was ich Ihnen jedoch versprechen kann, ist, dass ich mich bei der Schilderung von Horrorszenarien möglichst zurückhalten werde.

Bei der Ethik des Klimawandels geht es nämlich nicht nur um Horrorszenarien. Es geht vielmehr darum, dass uns die Wissenschaft allein nicht die notwendigen Antworten geben kann. Der Weltklimarat, über den Sie in diesem Buch noch mehr lesen werden, sagt Folgendes zur Rolle der Wissenschaft bei unseren Überlegungen, was wir gegen die Erderwärmung tun können:

> „Natur-, Technik- und Sozialwissenschaften können wesentliche Informationen und Erkenntnisse liefern, die notwendig sind, um zu entscheiden, welches die ‚gefährlichen anthropogenen Störungen des Klimasystems' sind. Gleichzeitig stellen solche Entscheide Werturteile dar, die von sozio-politischen Prozessen bestimmt sind und allgemeine Anschauungen über Entwicklung, Gerechtigkeit und Nachhaltigkeit, wie auch Unsicherheiten und Risiken berücksichtigen."[1]

Wissenschaft kann zwar dabei helfen, die Fakten in den Griff zu bekommen, aber wir brauchen mehr, wenn wir auf Basis dieser Fakten handeln wollen. Dieses „Mehr", das benötigt wird, gehört in den Bereich der Werte. Klimatologen können uns sagen, was mit dem Planeten geschieht und warum es geschieht; sie können sogar mit einer gewissen Überzeugung voraussagen, was in den kommenden Jahren geschehen wird. Doch was wir aus all dem machen, hängt davon ab, was wir für richtig halten, was wir wertschätzen und was uns wichtig ist. Solche Erkenntnisse findet man nicht in einem Eisbohrkern. Man muss sie selbst gewinnen.

Genau damit beginnt dieses Buch. Es ist weder vollständig oder umfassend noch ist es das letzte Wort, aber es sind einige erste Wörter. Es will in verständlicher Sprache eine Einführung in die Ethik des Klimawandels bieten, in die Fragen also, wo in Zukunft moralische Anforderungen im Hinblick auf unseren sich verändernden Planeten liegen und wie diese Anforderungen in Handeln umzusetzen sind. Es ist von der Überzeugung getragen, dass unsere Gesellschaft und unser Leben sich gleichermaßen ändern müssen, und beschreibt, welche Rolle unsere Wertvorstellungen bei diesen Veränderungen spielen.

Sie werden sich natürlich fragen, was unter „Werten" in diesem Zusammenhang zu verstehen ist. Man kann zwar auf Definitionen direkt am Anfang eines Buches bestehen, aber ich halte es eher mit Sokrates und bin der Meinung, dass Definitionen erst am Ende einer Untersuchung entstehen – wenn sie überhaupt entstehen – und nicht zu Beginn. Im zweiten Kapitel befasse ich mich gerne mit allen von Ihnen gewünschten Definitionen – jedenfalls grenzen wir dort die Dinge ein. Wenn Sie mir zugestehen, dass ich Definitionen zunächst vermeide, gebe ich Ihnen nun einen kurzen inhaltlichen Überblick. Vielleicht ist es einfacher, der Argumentation zu folgen, wenn man weiß, was kommt. Ein philosophisches Buch sollte seine Leser ja nicht im Ungewissen lassen.

Dieses Buch beginnt mit zwei Kapiteln, die irreführende Ansichten über die Wissenschaft des Klimawandels und die Natur der Moralphilosophie ausräumen sollen. Im ersten Kapitel geht es um die in der Wissenschaft vorherrschende Meinung hinsichtlich der Erderwärmung. Ich hoffe, dass Sie am Ende dieses Kapitels eine Vorstellung davon haben, welche Veränderungen bereits im Gange sind und welche allgemeinen Prognosen es für unseren Planeten in den nächsten hundert Jahren gibt. Ein wichtiges Anliegen dieses Kapitels ist es, die Auffassung zu widerlegen, dass in den wesentlichen Fragen des Klimawandels Ungewissheit bestehe. Ein weiteres Anliegen besteht darin, die Aussichten für die Menschheit in unmittelbarer und auch ferner Zukunft klarer herauszustellen. Die hier vorgebrachten Argumente hängen zumindest ein wenig von der wissenschaftlichen Sicht auf Klimaveränderungen ab.

Das zweite Kapitel handelt von Moralphilosophie – besonders davon, wie moralische Überzeugungen begründet werden. Das Hauptanliegen besteht abermals darin, Irreführendes beiseite zu schieben – zum Beispiel Spielarten des Gedankens, moralische Forderungen ließen sich sowieso nie wirklich begründen. Auch indirekt soll Ihnen eine Vorstellung von ethischen Theorien vermittelt werden, die dann später argumentativ eine Rolle spielen; ebenso wäre eine Annäherung an die in diesem Buch favorisierte Umweltethik wünschenswert. Vor allem aber hoffe ich, dass Sie zu der Schlussfolgerung gelangen, dass erstens Rechtfertigungen unserer moralischen Überzeugungen wesentlich sind und zweitens das Handeln auf der Basis dieser Begründungen das ist, was zählt. Vielleicht zählt es sogar ziemlich viel.

Nach diesen einführenden Gedanken geht es im dritten Kapitel um die Art der Verantwortung im Kontext des Klimawandels. Wir werden uns den jeweiligen Themenkomplexen stellen, ebenso wie einigen Problemen, die im Zusammenhang mit kollektiver Vernunft auftauchen. Wir werden darüber nachdenken, wer in Bezug auf die Klimaveränderungen zum Handeln aufgefordert ist, und kommen zu einer Reihe von Schlussfolgerungen – basierend auf historischen Konzepten von Gerechtigkeit, gegenwärtigem Vermögen und Fähigkeiten ebenso wie Nachhaltigkeit.

Haben wir erst einmal einige Argumente präsentiert – Argumente, die auf eine moralische Forderung nach konkretem Handeln in Bezug auf Klimaveränderungen hinauslaufen –, wird das vierte Kapitel einige gängige Plädoyers für Untätigkeit oder nur geringfügiges Handeln darlegen. Selbst wenn es noch weitere Argumente für Nicht-Handeln geben mag, scheinen uns die genannten am wichtigsten zu sein; zumindest werden sie am lautesten propagiert. Wir werden sie am Ende sämtlich für unzulänglich befinden.

Im fünften Kapitel geht es um das tatsächliche Handeln gegenüber Klimaveränderungen: Was hat die Welt bisher getan und was sollte sie künftig tun? Wir werden einige Kriterien benennen, die dazu genutzt werden können, die moralische Angemessenheit von Handlungsvorschlägen zu beurteilen – wie auch immer diese aussehen. Wir werden sie auf die Klimarahmenkonvention der Vereinten Nationen und auf das Protokoll von Kyoto anwenden sowie auf zwei andere Vorschläge für künftiges Handeln.

Das letzte Kapitel richtet den Fokus von moralischen Fragen im Zusammenhang mit globalem oder staatlichem Handeln gegenüber dem klimatischen Wandel auf den moralischen Stellenwert individueller Wahlmöglichkeiten – also richtig und falsch im Leben des Einzelnen. Es gilt, einige unbequeme Argumente zu berücksichtigen und entsprechende Schlussfolgerungen zu ziehen.

Ich gehe davon aus, dass Sie im Nachhinein noch einiges zu überdenken haben werden. Angewandte Philosophie, wie sie manchmal genannt wird, befasst sich mit konkreten moralischen Fragen des Alltags. Schwangerschaftsabbruch, Sterbehilfe, genetische Modifikation, Gesundheitswesen, Klonen und so weiter werfen philosophische Fragen auf, die im Grunde für jeden von uns relevant sind. Nichtsdestotrotz sollte man ein bisschen dankbar sein, dass diese Probleme weit weg, in sicherer Entfernung liegen. Niemand hat vor, Sie zu klonen. Mit etwas Glück werden Sie niemals mit den Problemen konfrontiert, die Schwangerschaftsabbruch, Sterbehilfe oder eines der genannten Themen mit sich bringen. Mit dem Phänomen des Klimawandels sind Sie aber unausweichlich konfrontiert; es ist genau jetzt ein moralisches Problem für Sie. Sie müssen entscheiden, wie Sie leben wollen – eine Wahl, die Ihr tägliches Leben betrifft. Es besteht eine moralische Verpflichtung für jeden von uns, solche Entscheidungen zu treffen.

Eine Reihe von Menschen haben mir bei den Schlussfolgerungen geholfen, oder es gebührt ihnen aufgrund anderweitiger Hilfe Dank: Laura-May Abron, Quill Brogan, Tim Clark, Tom Crick, Crisis, Sarah Campbell, *Endeavour* und Crew, Judy Garvey, Kim Hastilow, Ted Honderich, Joanna Kramer, Julia LeMense, Justin Lynas, Alex Mooney, Anthony O'Hear, den Mitarbeitern des Orwell, The Rock Ethics Institute, Ian Sillitoe, Barry Smith, Jeremy Stangroom, Joanna Taylor und UCLU Jitsu.

Wenn man die Arbeiten der zunehmenden Zahl von Philosophen kennt, die sich mit dem Klimawandel beschäftigen – insbesondere Stephen Gardiner, Dale Jamieson, Peter Singer und Henry Shue –, wird man eine Reihe von Anleihen finden. Wenn Sie deren Werke nicht kennen, nehmen Sie die Bibliografie dieses Buches mit in die Bibliothek und legen Sie los. In Vielem konnte ich mich auf die Arbeit des Weltklimarats stützen, wofür ich sehr dankbar bin. Dieses Buch ist auf umweltverträglichem Papier gedruckt, das den Bestimmungen des Forest Stewardship Council entspricht. Ein Teil meiner Tantiemen und der des Verlegers wurden an Wohlfahrtsorganisationen aus dem Umweltbereich gespendet.

Gewidmet sei dieses Buch schließlich Yolonne MacKenzie, in Dankbarkeit für die Hilfe mit meinen Schnürsenkeln.

Eine wärmere Welt

„Die Strahlen der Sonne und der Fixsterne können die Erde durch die Atmosphäre leichter erreichen, als die von der Erde ausstrahlenden zurück ins All gelangen können."
John Tyndall

Bevor die moralische Dimension des Klimawandels erfasst werden kann, widmet sich dieses Kapitel zunächst den wissenschaftlichen Präliminarien. Wir können uns auf die Ethik stürzen, sobald wir uns weit möglichst über die Fakten klar sind. Zu Beginn müssen wir zwei Missverständnisse ausräumen. Erstens hoffe ich, dass Sie mir in der Annahme folgen werden, dass der Klimawandel kein weit entferntes Phänomen ist, das uns zu unseren Lebzeiten nicht betreffen wird. Tatsächlich ist er bereits voll im Gange. Im zweiten Abschnitt werden wir uns kurz mit dem wissenschaftlichen Konsens im Hinblick auf die tatsächliche Existenz eines vom Menschen verursachten Klimawandels beschäftigen. Darüber hinaus gilt es, die hinderlichen Gedanken auszuräumen, dass es unter den Wissenschaftlern eine Klimawandeldebatte oder einen besorgniserregenden Grad wissenschaftlicher Unsicherheit über wesentliche Fakten des Klimawandels gibt. Die Kenntnis der zugrunde liegenden wissenschaftlichen Grundlagen wird uns weiterhelfen, daher befassen wir uns im dritten Abschnitt mit ihnen. Im letzten Teil werden wir einige Voraussagen schildern, die die Zukunft unseres Klimas und unseres Planeten betreffen. Auch wenn Sie akzeptieren, dass das Klima sich verändert und Sie mehr oder weniger wissen, wie und warum diese Veränderungen auftreten, werden einige der bedeutenderen moralischen Probleme nicht wirklich schmerzen, bevor Sie nicht etwas über unsere Aussichten erfahren haben – die Aussichten angesichts des Klimawandels für uns als Spezies. Diese Perspektiven sind nämlich alles andere als rosig.

Seltsame Veränderungen

Gelegentlich wird behauptet, der Klimawandel sei weit weg, ein Problem für unsere Kinder, keinesfalls aber für uns. Tatsächlich wird unsere Welt bereits jetzt wärmer. Die 1980er und 90er Jahre waren bezüglich der mittleren globalen Erdoberflächentemperatur die wärmsten Jahrzehnte seit den ersten zuverlässigen Messungen ab Mitte bis Ende des 19. Jahrhunderts.[2] Elf der letzten zwölf Jahre gehören zu den wärmsten Jahren seit Beginn instrumenteller Messungen. Die erste Dekade dieses unerfreulichen Jahrtausends schickt sich sogar an, die 1990er Jahre zu übertreffen. Die mittlere globale Oberflächentemperatur hat sich im Lauf des 20. Jahrhunderts um etwa 0,7 Grad Celsius erhöht, wobei die im Durchschnitt heißesten Jahre die jüngst zurückliegenden sind.[3] Ein Anstieg von 0,7 Grad Celsius mag Sie vielleicht nicht beeindrucken, aber es beeindruckt Klimatologen, die genau wissen, dass dieser Anstieg mit einer seit zumindest 10 000 Jahren nie da gewesenen Geschwindigkeit verläuft. Berücksichtigen Sie auch, dass dies ein Durchschnittswert ist – einige Orte auf der Erde, insbesondere Landmassen, haben sich bedeutend stärker erwärmt. Es lohnt sich, einen Moment innezuhalten und über die Besonderheit dieser wärmeren Welt, in der wir leben, über die Auswirkungen dieser scheinbar so winzigen durchschnittlichen Erhöhung von 0,7 Grad Celsius nachzudenken.

Der Meeresspiegel hat sich seit 1960 durchschnittlich jährlich um zwei Millimeter erhöht, wobei die Zuwachsrate sogar auf drei Millimeter für die Jahre zwischen 1993 und 2003 gestiegen ist. Der generelle Anstieg ist teils der Wärmeausdehnung geschuldet – Wasser nimmt mehr Raum ein, wenn es wärmer wird –, aber auch dem Schmelzwasser der Gletscher und dem Abschmelzen von Eisflächen in Grönland und der Antarktis. Vielleicht scheint Ihnen auch dies kein bedeutender Anstieg zu sein, aber wenn Sie an die Größe der Ozeane denken und an die Wassermassen, die dahinter stehen, wird die enorme Veränderung deutlich.

Diese Tatsache ist keinem der etwa tausend Menschen entgangen, die auf den Carteret-Inseln im Südpazifik wohnen. Die höchste Landmasse reicht dort kaum über den Meeresspiegel hinaus und eine Flut hat kürzlich Häuser überschwemmt, Nahrungsmittel und Trinkwasservorräte zerstört. Im Jahre 2005 legte Papua-Neuguinea Mittel für die völlige Evakuierung der Insel zurück: für jährlich je zehn Familien ab dem Jahr 2007.

Das wird ein bisschen knapp: Wahrscheinlich sind die Inseln bis 2015 vollständig überschwemmt. All dies beobachten die 12 000 Einwohner der niedrig gelegenen Inselgruppe Tuvalu mit Interesse. Dort dringt Meerwasser durch den Boden nach oben, und jahreszeitlich bedingte Überschwemmungen werden immer dramatischer. Seit 2000 Jahren leben Menschen auf Tuvalu, aber jetzt wird dort darüber nachgedacht, die Inselgruppe zu verlassen und vielleicht in Neuseeland neu zu beginnen. Sie können ja einmal aus dem Fenster schauen und sich überlegen, wie es wohl wäre, wenn Sie wüssten, dass Ihr Heimatort, Ihr Heimatland bald verschwunden sein werden.

Die Menschen auf den Carteret-Inseln und auf Tuvalu sind unter den Ersten, die man „Klimaflüchtlinge“ oder „Umweltflüchtlinge“ nennt. Sie werden nicht die Letzten sein. Ihre Geschichte wurde von der Presse begierig aufgegriffen, aber nach diversen Schätzungen sind sie keinesfalls die Einzigen, die aufgrund des sich wandelnden Klimas aus ihrer Heimat vertrieben werden. Wir haben zwar noch nicht annähernd eine klare Definition, wer ein Klimaflüchtling ist, Statistiken gibt es aber schon in großer Zahl. Nach Berechnungen des Roten Kreuzes gibt es seit 2001 ungefähr 25 Millionen Umweltflüchtlinge.[4] So viele Menschen weist diese Organisation nicht einmal als Kriegsflüchtlinge aus. Es besteht kein Zweifel, dass die Zahl steigen wird – wie hoch auch immer sie in Wirklichkeit sein mag.

Eine wärmere Welt bedeutet auch eine schmelzende Welt. Die Anzahl der Tage, an denen Flüsse und Seen der nördlichen Hemisphäre mit Eis bedeckt sind, hat sich im letzten Jahrhundert um zwei Wochen verringert. Hoch im Norden ist es noch dramatischer: Der arktische Eisschild hat sich, verglichen mit seinem Umfang zu Beginn des 20. Jahrhunderts, in den Sommermonaten der letzten Jahrzehnte um 40 Prozent verringert. Er ist einfach abgeschmolzen: Überall sind zehn bis fünfzehn Prozent der Eisfläche einfach verschwunden. Mittlere arktische Temperaturen haben sich in den letzten hundert Jahren fast doppelt so stark erhöht wie die weltweite mittlere Temperatur. Auch nicht an den Polen liegende Gletscher werden stetig kleiner. Satellitenbilder zeigen, dass die Fläche unseres Planeten, die jedes Jahr im Winter mit Schnee bedeckt ist, sich um zehn Prozent verringert hat. Das ist eine Beobachtung, die erst die neuere Zeit ermöglicht hat, seit wir nämlich in der Lage sind, von oben herunterzusehen, seit wir Satelliten in den Weltraum gesendet und begonnen haben, uns dafür zu interessieren. All dies hat bereits beunruhigende Auswirkungen auf Pflanzen- und Tierarten belegt, deren Leben an Schnee und Eis gebunden ist. Zum Beispiel benötigen Eisbären die Eisflächen zur Robbenjagd. Doch dieses Eis verschwindet nun. Ich weiß nicht, was ich davon halten soll, aber Eisbären haben vermutlich zum ersten Mal damit begonnen, ihre eigenen Artgenossen zu fressen.[5]

Einer der besonders beunruhigenden Aspekte der Eisschmelze – neben der erhöhten Überschwemmungsgefahr für Küstenregionen, Veränderungen der Pflanzen- und Tierwelt und dem Verlust von Trinkwasser durch Abfluss des Gletscherwassers – ist ihre Auswirkung auf die sogenannten Permafrostböden. „Permafrostboden" ist, wie sich inzwischen herausgestellt hat, keine angemessene Bezeichnung mehr. Solche Böden bestehen aus komplexen Schichten, die bisher das ganze Jahr über mehr oder weniger gefroren blieben. Einige dieser Schichten haben eine Entstehungsgeschichte von hunderttausenden von Jahren, doch jetzt schmelzen sie nahezu überall von der Oberfläche her. Seit den 1980er Jahren hat sich die Temperatur an der Oberfläche der Permafrostschicht um drei Grad Celsius erhöht. Das ist aus verschiedenen Gründen beunruhigend, aber am meisten erschüttert uns der Zusammenhang mit dem Kohlenstoff: Permafrostböden enthalten nämlich eine große Menge organischen Materials, abgestorbene tierische und pflanzliche Substanzen, die Kohlenstoff enthalten. Da Permafrostböden für gewöhnlich gefroren sind, können Bakterien darin nicht arbeiten, sodass der Kohlenstoff eingeschlossen bleibt. Wenn sie aber zu schmelzen beginnen, wird eine große Menge Kohlenstoffdioxid – vielleicht etwa 450 Milliarden Tonnen – in die Atmosphäre entweichen und die Erderwärmung beschleunigen. Das ist einer dieser positiven Rückkopplungsmechanismen der Erde, von denen Sie möglicherweise bereits gehört haben. Wir werden im weiteren Verlauf darauf zurückkommen.

Die Veränderungen unseres Planeten geschehen aber nicht nur irgendwo in weit entfernten Regionen wie an den Polen oder in der Tundra. El Niño beeinflusst das Wetter weltweit. Ungefähr alle drei bis fünf Jahre durchlaufen das Meer und die Atmosphäre im und um das Zentrum des Pazifischen Ozeans herum einen Wandel. El-Niño-Bedingungen hängen insbesondere mit Temperaturen zusammen, die höher sind als die gewöhnlichen Oberflächentemperaturen des Meeres – diese beeinflussen die Temperatur der Atmosphäre, die Meeresströmungen und das Wetter der gesamten Erde überhaupt. El-Niño-Verhältnisse führen beispielsweise zu wärmerem und feuchterem Wetter in Südamerika und beträchtlich trockenerem Wetter in Südostasien und Australien. Während besonders intensiver El-Niño-Jahre wird Südamerika von gewaltigen Stürmen und schweren Überschwemmungen heimgesucht, während Teile Australiens unter vernichtender Trockenheit und weitverbreiteten Buschfeuern leiden.

Veränderungen gibt es aber nicht nur an Land: Korallenriffe neigen während des El Niño zum Ausbleichen – die mit ihnen symbiotisch lebende Alge wird aufgrund von Hitzestress verdrängt und die Verästelungen erscheinen nun kalkweiß. Viele Korallen brauchen sehr lange, um sich davon zu erholen, wenn sie sich überhaupt jemals erholen. Fast alle Korallengebiete in weiten Teilen des Indischen Ozeans gleichen schon jetzt einem abgestorbenen, bleichen, spröden Korallenfriedhof.

Im Vergleich mit den letzten hundert Jahren hat die Erderwärmung während der letzten zwanzig bis dreißig Jahre zu häufigeren, länger anhaltenden und intensiveren El Niños geführt. Überschwemmungen und Dürren, die damit in Verbindung gebracht werden, haben sich gleichermaßen intensiviert und gehäuft. Eine Möglichkeit besteht darin, über den Schaden nachzudenken, den dieses extreme Wetter verursacht hat. Selbst ohne konkrete Messwerte gibt es dennoch durchaus Aufzeichnungen über wetterbedingte wirtschaftliche Verluste. Inflationsbereinigt haben sich die weltweiten Verluste in den letzten 40 Jahren verzehnfacht. Versuchen Sie, sich nicht zu sehr in die Zahlen zu vertiefen. Katastrophales Wetter führt zu weit mehr als zu wirtschaftlichen Verlusten, nämlich zum Verlust menschlichen Lebens. Der Anteil der mit El Niño verbundenen Todesfälle hat sich in letzter Zeit ebenfalls erhöht.

Globale Veränderungen betreffen nicht nur die Menschheit. Auch die Verbreitungsgebiete zahlreicher Pflanzen- und Tierarten haben sich in Richtung auf die Pole ausgedehnt oder in höhere und kühlere Gebiete zurückgezogen. Insekten schlüpfen früher, der Vogelzug beginnt früher, Pflanzen blühen früher, Brutzeiten beginnen früher und dauern länger. Einige Pflanzen- und Tierarten passen sich den Veränderungen an, andere – zumal die durch weitere Faktoren bereits bedrohten – können dies nicht. Das Tempo der Veränderungen ist für viele Lebewesen einfach zu hoch. Für einige Tiere ist Abwanderung eine Lösung, andere wiederum haben diese Möglichkeit nicht. Ein Berggorilla, der kühlere Temperaturen benötigt, wird auf seinen Berg so lange aufwärts ziehen, bis er ganz oben angekommen ist. Komplette Arten sind bereits aufgrund des Klimawandels ausgestorben.

Ein Temperaturanstieg um 0,7 Grad Celsius verändert unseren Planeten in diesem Augenblick – sein Eis, seinen Schnee und seine Permafrostböden, seine Ozeane, seine Wetterlagen, sein Land, seine Pflanzen und Tiere, uns Menschen eingeschlossen. Es gibt gute Gründe für die Annahme, dass sich die Geschwindigkeit der Erwärmung erhöht. Wir werden noch darauf zu sprechen kommen. Nun denken Sie jedoch erst einmal über den vorhergesagten Temperaturanstieg nach, der zweifellos die Zukunft unserer wärmer werdenden Welt prägen wird.

Im Jahre 2000 wurde eine Reihe von Prognosen aufgestellt.[6] Für den Zeitraum zwischen 1990 und 2025 sagte man eine Steigerung zwischen 0,4 und 1,1 Grad Celsius voraus – im Minimum. Dies bedeutet, dass in nur 35 Jahren eine mehr als halb so starke Erwärmung wie in den vergangenen 100 Jahren stattfinden würde. Für den Zeitraum zwischen 1990 und 2050 lagen die prognostizierten Steigerungen insgesamt zwischen 0,8 und 2,6 Grad Celsius. Bis zum Ende des jetzigen Jahrhunderts liegen die prognostizierten Steigerungen zwischen 1,4 und 5,8 Grad Celsius insgesamt, das bedeutet eine zwei- bis zehnmal stärkere Erwärmung, als man sie während des gesamten 20. Jahrhunderts beobachtet hat.

Die vorhergesagte Spannweite, die allein schon erschütternd ist, musste im Jahre 2007 weit nach oben korrigiert werden. Bis zum Jahr 2100 geht man derzeit von Temperatursteigerungen zwischen 1,1 und 6,4 Grad Celsius aus. Eine Steigerung in dieser Größenordnung hat es in den letzten 10 000 Jahren nicht gegeben. Wenn man den Forschern folgt, die in Eiskernen eingeschlossene Luft vergangener Zeiten analysiert haben, dann hat sich unser Planet in den letzten 400 000 Jahren noch nie so schnell erwärmt, wenn überhaupt jemals zuvor.

Wie wir gesehen haben, verändert bereits ein Temperaturanstieg von 0,7 Grad Celsius unseren Planeten; aber nun denken Sie einmal an die kommenden 15 oder 50 oder 100 Jahre. Was wird geschehen, wenn die mittleren globalen Temperaturen um Werte zwischen einem und sieben Grad Celsius ansteigen? Das wird geschehen; damit müssen wir leben.

Konsens

Möglicherweise haben Sie schon einmal etwas über wissenschaftliche Unwägbarkeiten gehört, die den Klimawandel oder die sogenannte „Klimawandeldebatte“ betreffen. Diese Debatte fand Gehör – findet es bisweilen heute noch: Bücher, Dokumentationen, Talkshows und selbst seriöse Zeitungen beschäftigen sich von Zeit zu Zeit damit. Dem Thema wurde sogar im US-Senat Zeit eingeräumt. US-Senator James Inhofe formulierte beispielsweise die Parteilinie der Bush-Regierung folgendermaßen: „Die Behauptung, dass die globale Erwärmung durch von Menschen verursachte

Emissionen erzeugt wird, stimmt einfach nicht und ist nicht auf solide Forschung gegründet."[7]

Es gibt allerdings überhaupt keine Unstimmigkeit mehr unter Wissenschaftlern, wenn es um die Tatsache des Klimawandels oder um die Rolle des Menschen in diesem Zusammenhang geht. Nur sehr wenige Menschen außerhalb oder am Rand der Wissenschaftsgemeinde behaupten heute noch, dass das Klima sich nicht verändert. Andere akzeptieren den Umstand der Veränderung, behaupten aber steif und fest, dass er Teil einer natürlichen, keineswegs vom Menschen verursachten Schwankung sei. Einige lehnen sich zurück in der absurden Überzeugung, die Menschen würden von wärmeren Temperaturen ausschließlich profitieren. Viel wurde bereits über die Verbindung zwischen Erdölindustrie und Klimawandelskeptizismus geschrieben; daher brauchen wir uns nicht damit zu befassen.

Es gibt in der Tat einen bemerkenswerten wissenschaftlichen Konsens über das Vorhandensein eines anthropogenen – oder menschlich bedingten – Klimawandels. Wir werden aus bestimmtem Grund gleich einen Blick darauf werfen: Der Irrtum, dass es keinen Konsens in der Wissenschaftsgemeinde gibt, muss ein für allemal ausgeräumt werden. Leider wird er in einigen Bereichen noch für bare Münze genommen – sogar in so wichtigen Gremien wie im US-Senat –, aber das darf nicht mehr sein. Dies steht unserem eigentlichen Ziel im Wege, den ethischen Fragen im Zusammenhang mit dem Klimawandel nachzugehen. Dieser Punkt wird uns aber nicht lange aufhalten.

Im Folgenden – dies sei ausdrücklich betont – werden wir uns nicht auf Autoritäten berufen. Autoritäten als Referenzen sind insofern ein Trugschluss, als dass sich die Wahrheit einer Behauptung nicht darauf gründen kann, dass sie von einer Autorität stammt. Dieser Irrtum ist natürlich schon lange bekannt. Pythagoras' Anhänger versuchten ihre Aussagen zu rechtfertigen, indem sie etwa sagten: „Pythagoras *selbst* sagte es." Vielleicht haben sie auch ein bisschen mit den Füßen aufgestampft. Die alten Griechen sind nicht darauf hereingefallen – ebenso wenig wie wir. Der Irrtum ist offenkundig, wenn der angebliche Experte gar kein Experte für die fragliche Angelegenheit ist. Schauspieler wissen viel über Requisiten und Kostüme, aber ihre Expertise erstreckt sich nicht auf Politik. Auch wenn sie zufällig richtig liegen – die Tatsache, dass sie sagen, der Krieg sei falsch, ist kein Grund für die Annahme, dass der Krieg falsch ist.

Kompliziert wird es, wenn man feststellt, dass sogar dann, wenn ein Experte sich über ein Thema auslässt, das genau in seinem Fachgebiet liegt, die Tatsache, dass er sich entsprechend auslässt, nicht automatisch das als wahr festschreibt, was er gesagt hat. Experten können Dinge falsch verstehen oder sie können anderweitige Motive haben. Wir werden das Vorhandensein eines wissenschaftlichen Konsenses als ausreichend ansehen und keine weiteren Anforderungen an die Wahrheit stellen – in diesem Zusammenhang zählt das, was die Experten sagen, mehr als alles andere. Es stellt sich heraus, dass nahezu alle Autoritäten in sehr vielen Bereichen übereinstimmen – ganz sicher hinsichtlich der Tatsache, dass sich das Klima erwärmt und dass der Mensch daran beteiligt ist. Es folgt eine knappe Skizze der Geschichte dieses Konsenses.

Im Jahre 1988 zeigten sich zwei Organe der Vereinten Nationen, die World Meteorological Organization und das Umweltprogramm der Vereinten Nationen, gemeinsam über einen möglichen Klimawandel besorgt. Sie schufen den Weltklimarat (IPCC), der mit der Beurteilung der wissenschaftlichen Belege für den Klimawandel betraut wurde, indem er – bis heute – die von anderen Fachleuten zuvor überprüfte einschlägige Literatur begutachtet. Der Weltklimarat hat darüber hinaus die Aufgabe, Politikern und anderen Fachleuten, die mit den Veränderungen des Klimas befasst sind, Informationen bereitzustellen und Ratschläge zu erteilen. Der Weltklimarat besteht aus drei Arbeitsgruppen – eine befasst sich mit den physikalischen Grundlagen des Klimawandels, eine andere mit seinen vielfältigen möglichen oder wahrscheinlichen Auswirkungen und eine dritte mit den Strategien zu seiner Eindämmung. Beim Weltklimarat ist auch eine *task force* angesiedelt, die Treibhausgasemissionen inventarisiert.

Für die gesamte Körperschaft arbeiten hunderte von Fachleuten aus der ganzen Welt, und ihre Arbeit wurde – vermutlich zu Recht – als das größte wissenschaftliche Unterfangen in der Menschheitsgeschichte bezeichnet. Ihre Bemühungen schlagen sich in einigen Büchern nieder und – vielleicht das Wichtigste – die Sachstandsberichte werden ungefähr alle fünf Jahre veröffentlicht. Diese Berichte werden praktisch von jedem, der sich mit dem Klimawandel beschäftigt, als maßgeblich angesehen. Die Meisten sehen die Berichte und Veröffentlichungen des Weltklimarats als Beweis für einen wachsenden wissenschaftlichen Konsens hinsichtlich verschiedener Aspekte des Klimas.

Im Laufe der Jahre wurde die Sprache der Berichte immer präziser, was das wachsende Vertrauen der wissenschaftlichen Gemeinde widerspiegelt. Noch unverbindliche Forderungen der Frühzeit wurden durch prägnantere Ausdrucksweisen ersetzt, die auf einem besseren Verständnis für das Klima und die Mechanismen seines Wandels basieren. Der erste Bericht, der 1990 erschien, räumte Unsicherheiten über Geschwindigkeit und Ausmaß des Klimawandels ebenso wie über die Rolle menschlichen Handelns ein. Über die Tatsache des Wandels bestand jedoch nie ein Zweifel. Schon in seinem ersten Bericht mahnte der Weltklimarat alle Staaten zum sofortigen Handeln, um die Auswirkungen des drohenden Klimawandels zu verringern. Der zweite Bericht aus dem Jahre 1995 stellte spezifischere Vorhersagen über die Geschwindigkeit und die Natur des Klimawandels auf, ebenso wie die Behauptung, dass ein „Abgleich der wissenschaftlichen Daten einen erkennbaren menschlichen Einfluss auf das Klima gezeigt hat". Seit 2001 mit der Veröffentlichung des dritten Berichts gibt sich der Weltklimarat sogar noch deutlicher überzeugt: „Wir haben neue und stärkere Anhaltspunkte dafür, dass der Großteil der in den letzten fünfzig Jahren beobachteten Erwärmung auf menschliche Aktivitäten zurückzuführen ist." Auf der Basis verschiedener Klimamodelle wurden sowohl die Bandbreiten der Auswirkungen als auch die Geschwindigkeit des Wandels eingehend dargestellt. Der vierte und neueste Bericht – erschienen 2007 – lässt überhaupt keine Zweifel mehr zu:

> „Die Erwärmung des Klimasystems ist eindeutig, darüber besteht nun Gewissheit aufgrund von Beobachtungen des Anstiegs der mittleren globalen Luft- und Meerestemperaturen, des weit verbreiteten Abschmelzens von Schnee und Eis und des Anstiegs der mittleren globalen Meereshöhe."

Andere Organe haben Stellungnahmen abgegeben, die die Erkenntnisse des Weltklimarats stützen. In der National Academy of Sciences sind über 2000 der klügsten Köpfe Amerikas vertreten, einschließlich 200 Nobelpreisträgern. In einem Bericht über den Klimawandel, der 2001 veröffentlicht wurde, war die Akademie der Ansicht, dass die Arbeit des Weltklimarats eine faire und sorgfältige Zusammenstellung der gegenwärtigen Klimawissenschaft sei. Die Ansicht der Akademie über den Klimawandel ist eindeutig: „Als Ergebnis menschlicher Aktivitäten sammeln sich Treibhausgase in der Erdatmosphäre, die einen Anstieg der Oberflächentemperaturen der Luft und der Meerestemperaturen verursachen."[8]

Die National Academy ist nicht die einzige US-amerikanische wissenschaftliche Körperschaft, die die Erkenntnisse des Weltklimarats stützt.

Im Jahre 2003 ist die American Meteorological Society zu dem Ergebnis gekommen, dass

> „es jetzt den klaren Beweis dafür gibt, dass die mittlere jährliche Temperatur der Erdoberfläche, soweit man den Durchschnitt der gesamten Erde betrachtet, in den letzten 200 Jahren angestiegen ist. [...] Menschliches Verhalten ist die Hauptursache für Umweltveränderungen geworden [...].“[9]

Im selben Jahr verabschiedete die American Geophysical Union eine Stellungnahme, die besagt, dass wissenschaftliche Belege stark darauf hindeuten, dass sich das Klima verändert und zum Teil menschliches Verhalten für die Veränderungen verantwortlich ist.[10] Das US-amerikanische Wissenschaftsprogramm zum Klimawandel, das im Auftrag von dreizehn US-Bundesbehörden forscht, veröffentlichte im Jahre 2006 einen Bericht, der auf die wissenschaftlichen Ergebnisse näher eingeht, die die Erkenntnisse des Weltklimarats untermauern. Der Bericht argumentiert, dass die beobachteten Muster des Klimawandels der letzten 50 Jahre nicht allein durch natürliche Faktoren erklärt werden können – die Herstellung von Treibhausgasen durch den Menschen ist mitverantwortlich.[11]

Forscher außerhalb der USA stehen zudem dezidiert hinter dem Weltklimarat. Im Juni 2005, direkt im Vorfeld des G8-Gipfels, unterzeichneten die jeweiligen Akademien der Wissenschaften von Kanada, Frankreich, Deutschland, Italien, Japan, Russland, Großbritannien, Brasilien, China und Indien eine Stellungnahme, die die Erkenntnisse des Weltklimarats stützt. Die Stellungnahme besagt, dass „es jetzt evident ist, dass eine erhebliche Erderwärmung stattfindet. [...] Es ist wahrscheinlich, dass der Großteil der Erwärmung auf menschliche Aktivitäten zurückgeführt werden kann.“[12] Die Stellungnahme drängt zudem die Staaten, Schritte zur Begrenzung der CO_2-Emissionen zu unternehmen und schnelle Maßnahmen zu ergreifen, um den drohenden Auswirkungen des Klimawandels zu begegnen.

Nationale beziehungsweise regionale wissenschaftliche Akademien von Australien, Belgien, Brasilien, Kanada, der Karibik, China, Frankreich, Deutschland, Indien, Indonesien, Irland, Italien, Malaysia, Neuseeland und Schweden gaben 2001 eine gemeinsame Stellungnahme zur Forschungslage über den Klimawandel ab, die auf eine Initiative der britischen Royal Society zurückging. Es ist schwierig, dieses Papier misszuverstehen:

„Die Arbeit des Weltklimarats repräsentiert die einhellige Meinung der internationalen wissenschaftlichen Gemeinde zur Forschung bezüglich des Klimawandels. Wir erkennen den Weltklimarat als weltweit verlässlichste Informationsquelle bezüglich des Klimawandels und ihrer Ursachen an.“[13]

Kurz gesagt: Es gibt weltweit große Übereinstimmung unter den Fachleuten über das sich verändernde Klima und die Rolle des Menschen darin.[14] Wenn Sie bisher vielleicht dachten, dass die wissenschaftliche Forschung über den Klimawandel noch nicht über die Frage hinaus gelangt sei, ob der Klimawandel nun stattfindet oder nicht, dann sind diese Zweifel hoffentlich ausgeräumt. Ein Verständnis der Mechanismen des Klimawandels ermöglicht Ihnen, sich an der ethischen Debatte zu beteiligen, weswegen wir nun kurz zur Forschung über den Klimawandel kommen.

Fundierte Wissenschaft

Die Wissenschaft, die unser Verständnis der Auswirkungen von Kohlenstoffdioxid und anderen Gasen auf die Temperatur unseres Planeten ermöglicht, ist überhaupt nicht neu.[15] Die wärmende Wirkung von Gasen der Atmosphäre hat schon Jean-Baptiste Fourier 1827 entdeckt. Er war auch der Erste, der einen Vergleich zwischen diesen Gasen und dem Glas eines Gewächs- oder Treibhauses zog – die Bezeichnung „Treibhausgase“ war gefunden. Fourier und seine Zeitgenossen interessierte weniger die sich erwärmende Welt als die Frage nach der Entstehung von Eiszeiten – wie sich, mit anderen Worten, eine behagliche Welt wie die unsere in eine gefrorene verwandeln konnte und irgendwie wieder zurück. Man wusste damals schon, dass in der Vergangenheit große Teile des Planeten von dicken Eisschichten bedeckt gewesen waren. Niemand verstand jedoch die Mechanismen, die für diese dramatischen Klimaveränderungen verantwortlich waren. Wie konnte alles nur derartig gefrieren?

Es war John Tyndall, der behauptete, dass eine der Ursachen für Eiszeiten ein Rückgang des atmosphärischen Kohlendioxids gewesen sein könnte und somit eine Verringerung des Treibhauseffekts. Seine charakteristische Formulierung lautet:

> „Sonnenhitze hat zwar die Kraft, die Atmosphäre zu durchqueren, aber nachdem die Hitze vom Planeten aufgesogen wurde, hat sie sich qualitativ so verändert, dass die vom Planeten ausgehenden Strahlen nicht gleichermaßen frei ins All zurückkehren. Demnach lässt die Atmosphäre den Eintritt der Sonnenhitze durchaus zu, kontrolliert aber ihren Austritt; mit dem Ergebnis, dass tendenziell Hitze auf der Oberfläche unseres Planeten gespeichert wird.“[16]

Er lieferte als Erster für all dies einen experimentellen Beweis, indem er die Hitzeabsorption von Kohlendioxid, Wasserdampf und anderen Gasen gemessen hat.

Der schwedische Chemiker Svante Arrhenius führte eine Reihe von Berechnungen durch, als er versuchte, die für Eiszeiten verantwortlichen klimatischen Veränderungen zu erklären. Dabei stellte sich heraus, dass bei einer Halbierung der in der Atmosphäre vorhandenen Kohlendioxidmenge sich die durchschnittliche Oberflächentemperatur um vier bis fünf Grad verringern würde. Sein Kollege Arvid Högbom interessierte sich hingegen dafür, auf welche Weise Kohlenstoff durch natürliche Prozesse in die Atmosphäre gelangt und auch daraus wieder verschwindet – wie der Ausstoß von Kohlendioxid durch Vulkane und seine Absorption durch die Ozeane. Arrhenius bezog ihn zur Klärung des eiszeitlichen Geschehens in sein Forscherteam mit ein. Högbom war denn auch der Erste, der ernsthaft erwägte, dass die Verbrennung fossiler Brennstoffe und demnach die Erzeugung von Treibhausgasen zum Anstieg der durchschnittlichen Erdtemperatur führen könnte. Arrhenius interessierte sich gleichfalls dafür, und fand durch Berechnungen 1896 heraus, dass eine Verdopplung des Kohlendioxids in der Atmosphäre die weltweite mittlere Temperatur um fünf oder sechs Grad ansteigen lassen würde. Seine Berechnungen dürften ziemlich genau stimmen.

Niemand sah darin jedoch einen Grund, Alarm zu schlagen oder sich auch nur im Geringsten zu beunruhigen. Ausgehend von der Menge des am Ende des 19. Jahrhunderts produzierten Kohlendioxids dachte man, dass einige tausend Jahre vergehen müssten, um die Kohlendioxidkonzentration in der Atmosphäre zu verdoppeln. Damals rechnete niemand mit dem starken wirtschaftlichen Wachstum und dem damit einhergehenden intensiven Brennstoffverbrauch, die für das nächste Jahrhundert prägend wurden. Im 19. Jahrhundert zweifelte niemand auch nur eine Sekunde, dass die Ozeane den Großteil des Kohlendioxids absorbieren und damit unseren industriellen Ausstoß kompensieren würden.

50 Jahre später brachte der Amateurmeteorologe G. S. Callendar den gemessenen Anstieg des in der Atmosphäre enthaltenen Kohlendioxids und den Anstieg der Durchschnittstemperatur miteinander in Verbindung. Im Jahre 1957 fanden Hans Suess und Roger Revelle heraus, dass die Ozeane Kohlendioxid nicht in dem früher angenommenen Maße aufnahmen. Sie schrieben, dass „die Menschen jetzt ein groß angelegtes einmaliges geophysikalisches Experiment durchführen, das weder in der Vergangenheit stattfinden noch in der Zukunft wiederholt werden könnte".[17]

Das war die erste laute Warnung vor einem Klimawandel, der erste ernsthafte Ausdruck von Betroffenheit in der Wissenschaftsgemeinde.

Dieser kurze Abriss zeigt Ihnen, wie viele Aspekte bereits für Klimawissenschaftler als wahr und unstrittig gelten. Die Tatsache, dass die Sonne die Erde erwärmt, ist schwer zu übersehen. Spätestens seit Tyndall wissen wir, dass verschiedene in der Atmosphäre vorhandene Gase einen Teil der Wärme absorbieren, wenn sie von der Erde abgestrahlt wird, wodurch ihr Weg ins All endet. Seit Arrhenius und Högborn haben wir erkannt, dass das Verbrennen fossiler Brennstoffe einige dieser Gase in die Atmosphäre gelangen lässt und dass sich die Oberflächentemperaturen erhöhen, wenn man genug von ihnen dorthin gelangen lässt. Seit Suess und Revelle wissen wir, dass wir genau das gerade tun, nämlich eine Menge Kohlendioxid in der Atmosphäre freisetzen und damit voraussichtlich die Temperatur unseres Planeten verändern. All dies benötigte eine Weile, um ins Bewusstsein zu gelangen – da gab es Einwände und Argumente ebenso wie Experimente und Kopfkratzen –, aber jetzt sind es schlichte Tatsachen, und diese Tatsachen sind keineswegs detaillierte Voraussagen.

Der einfachste Weg, über die Details nachzudenken – insbesondere den Treibhauseffekt in den Griff zu bekommen – ist wahrscheinlich, sich die Erdatmosphäre als eine Decke vorzustellen. Dieses Bild taucht in fast allen Beschreibungen der Funktionsweise unseres Klimas auf, die für mich verständlich waren. Die von der Sonne ausgesandte Strahlung dringt mehr oder weniger ungehindert durch die Atmosphäre und wird von Materialien auf der Erdoberfläche absorbiert. Je nach Art der Materialien, geben sie unterschiedliche Mengen von thermischer Strahlung ab. Einige der atmosphärischen Gase absorbieren diese Strahlung und so verbleibt ein Teil der Wärme in der Atmosphäre, die sonst ins All gelangen würde.

Einige Gase, insbesondere Wasserdampf, tun dies auf völlig natürliche Weise, und der sogenannte „natürliche Treibhauseffekt" ist – nach allem was man hört – eine gute Sache. Ohne ihn hätte unser Planet eine Durchschnittstemperatur, die etwas unter dem Gefrierpunkt liegt. Andere Gase wie Kohlendioxid, Methan und Distickstoffoxid kommen ebenfalls unter natürlichen Bedingungen vor und tragen zum Natur gegebenen Treibhauseffekt bei. Die Schwierigkeit besteht darin, dass eben diese Gase auch zu den Beiprodukten gehören, die bei der Verbrennung fossiler Brennstoffe und anderem menschlichen Wirtschaften entstehen, das damit zusammenhängt, wie wir die Erde nutzen. Wir haben sie der Atmosphäre zugeführt und so den natürlichen Treibhauseffekt verstärkt. Kohlendioxid steht oft im Mittelpunkt, weil es für ungefähr 70 Prozent des erhöhten oder menschlich bedingten Treibhauseffektes verantwortlich ist. Methan spielt allerdings auch keine unerhebliche Rolle: Obwohl wir weniger davon in die Atmosphäre bringen, verursacht ein Methanmolekül ungefähr den achtfachen Treibhauseffekt eines Kohlendioxidmoleküls. Sind sie einmal in der Atmosphäre, funktionieren diese Gase wie eine Decke, die einen Teil der Wärme unter sich behält. Indem wir fossile Brennstoffe verbrennen und weitere Treibhausgase in die Atmosphäre entlassen, verstärken wir tatsächlich die Decke und genau dies erwärmt den Planeten noch mehr.

Wie viel Kohlendioxid haben wir der Atmosphäre zugeführt? Die Kohlendioxidmenge der Atmosphäre variiert sehr stark, je nachdem, ob man sich für lange Zeiträume interessiert, ob man Hunderttausende oder Millionen Jahre zurückschaut. Jedenfalls lag die Kohlenstoffmenge in der Atmosphäre für einige tausend Jahre – bevor wir ernsthaft begannen, fossile Brennstoffe zu verbrennen, und bevor die Industrielle Revolution um das Jahr 1750 begann – bei etwa 280 Teilchen pro Million. Während dieses ziemlich langen Zeitraums relativer Stabilität entwickelten sich die Menschen von wild aussehenden Gruppen von Jägern und Sammlern zu gut angezogenen, gewählt sprechenden, zivilisierten modernen Menschen, mit Städten und Kultur – einschließlich Verabredungen zum Abendessen. Der Gedanke liegt nahe, dass es eine Verbindung zwischen der Periode klimatischer Stabilität und dem Aufkommen menschlicher Zivilisation gibt. Ebenso möglich ist es, dass dieser stabile Zeitabschnitt gerade zu Ende geht.

Seit Beginn der Industriellen Revolution haben die Menschen 600 000 Millionen Tonnen (das sind 600 Gigatonnen) Kohlendioxid in die Atmosphäre verklappt. Die Konzentration, die dort oben inzwischen herrscht, hat sich seitdem um fast 30 Prozent erhöht – sie liegt nun bei 370 Teilchen pro Million. Gegenwärtig sorgen wir dafür, dass jedes Jahr weitere sechs bis sieben Gigatonnen hinzukommen. Die in die Atmosphäre gepumpte Menge hat sich jedes Jahr gesteigert und tut dies auch weiter. In kurzer Zeit haben wir damit die Zusammensetzung unserer Atmosphäre dramatisch verändert. Wir fügen nicht nur zur Kohlendioxidmenge ständig etwas hinzu, sondern es ist auch so, dass es eine Weile dauert, bis die Ozeane der Erde, die Pflanzen und die Lebewesen wenigstens einen Teil davon der Luft entziehen können. Wenn die Maschinen morgen stoppen würden und nicht ein bisschen Kohlendioxid mehr aufgrund menschlicher Aktivitäten in die Atmosphäre gelangen würde, wären wir immer noch mit einem gewissen Grad eines verstärkten Treibhauseffektes für hunderte, wenn nicht tausende von Jahren belastet.

Falls Sie von Natur aus zur Skepsis neigen, mögen Sie sich fragen, woher wir denn wissen, dass wir selbst verantwortlich sind? Vielleicht können wir die Kohlenstoffmenge messen, die sich jetzt dort oben befindet, und vielleicht können wir herausfinden, wie viel sich vor der Industriellen Revolution dort befand, indem wir Eisbohrkerne, Sedimente, Baumringe und Ähnliches untersuchen. Vielleicht ist auch die Wissenschaft, die Kohlendioxid mit Erwärmung in Verbindung bringt, genügend zuverlässig. Trotz allem kann der Hauch eines Zweifels bleiben. Wie wissen wir, dass es die Treibhausgase sind, welche wir in die Atmosphäre bringen, die den Schaden verursachen, die den Wandel herbeiführen? Könnte es nicht andere Umstände geben – vielleicht natürliche Schwankungen oder Sonnenflecken oder eine oder mehrere Ursachen, die bisher nur noch nicht ausgemacht sind? Woher wissen wir eigentlich von den für das ja noch in weiter Ferne liegende Ende unseres Jahrhunderts vorhergesagten Temperaturanstiegen, die zu Beginn des Kapitels erwähnt wurden?

Die Antworten auf diese Fragen haben mit Klimamodellen zu tun, und Klimamodelle sind unglaublich komplizierte Angelegenheiten. Man kann es sich selbst etwas leichter machen, wenn man etwas vergleichsweise Einfaches betrachtet, das aber immer noch komplex genug ist: eine Ein-Tages-Wettervorhersage.

Das britische Wetteramt erstellt natürlich regelmäßig Wettervorhersagen, wobei es mit einem weltweiten Wetternetzwerk verbunden ist, dem Global Telecommunications System. Dieses riesige weltweite Computernetz sendet automatisch eine große Informationsmenge von und zu Stationen auf dem gesamten Globus. Daten, die alles betreffen, was man über Temperaturen, Druck, Windgeschwindigkeit, Niederschläge etc. wissen möchte, werden von so unterschiedlichen Quellen wie Satelliten, Schiffen,

Radarstationen, Wettermessbojen, bemannten und unbemannten Bodenstationen, Bohrinseln, Ballons und so weiter erfasst. Der gesamte Planet ist mit Überwachungsstationen förmlich zugepflastert.

Mit all diesen Informationen werden Einrichtungen wie das Wetteramt gefüttert, die diese Daten in einen Großrechner einspeisen. Dieser Computer verarbeitet dann eine große Zahlenmenge, arbeitet sich mit rasanter Geschwindigkeit durch Gleichungen, die den physikalischen Prozess beschreiben, auf welche Art und Weise sich das Wetter entwickeln wird. Von der Ausgangssituation, die von dem weltweiten System geliefert wird, erhält man mittels Mathematik eine Wettervorhersage, die auf einer mathematischen Darstellung dessen beruht, was das System morgen machen wird.

Ein Klimamodell arbeitet ganz ähnlich, aber Klimamodelle müssen komplexere Aspekte des Planeten berücksichtigen, die auf kurze Sicht eher unwichtig sind. Selbstverständlich müssen Klimamodelle viel weiter in die Zukunft reichen als Wettervorhersagen. Anstatt mit nur einem kleinen Ausschnitt des weltweiten Wetters zu arbeiten, befassen sich Klimamodelle mit längeren Zeitabschnitten: von einigen Jahren bis zu vielen Jahrzehnten. Klimamodelle erstellen Informationen über Durchschnittswerte bestimmter Aspekte des Wetters (wie Temperatur, Druck, Niederschlag und andere) ebenso wie statistische Abweichungen von diesen Durchschnittswerten über lange Zeitabschnitte. Die Datenverarbeitung eines Großrechners, mit dem ein Klimamodell gerechnet wird, bezieht nicht nur mathematische Darstellungsweisen der verschiedenen Arten physikalischer Prozesse ein, wie sie bei Wettermodellen vorgefunden werden, sondern auch verschiedene Rückkopplungen im Klimasystem und andere Arten von Folgen, die manchmal erst nach einiger Zeit auftreten, ebenso wie weitere Faktoren, die erst über längere Zeitabschnitte hin relevant sind.

Atmosphäre, Ozeane, Land, Eis, Pflanzen und Tiere unserer Erde zeigen zum Beispiel – über längere Zeit gesehen – erhebliche wechselseitige Einflüsse, die für die Beschaffenheit des Klimas von Bedeutung sein können. Einige diese Verbindungen erweisen sich als Rückkopplungen im Klimasystem und sie können erhebliche Abweichungen von der Modellvorhersage zeigen. Um Ihnen ein cartoonartiges Beispiel zu geben: Wenn die Atmosphäre im Durchschnitt wärmer wird, dann verdunstet mehr Wasser der Ozeane und Flüsse. Das bedeutet, dass eine wärmere Atmosphäre mehr Wasserdampf enthalten wird als eine kältere. Da Wasserdampf einen bemerkenswerten Treibhauseffekt hat, entsteht eine positive Rückkopplung: Eine wärmere Atmosphäre ist zugleich eine feuchtere, und eine feuchtere Atmosphäre wird im Laufe der Zeit noch wärmer.

Woher wissen wir denn überhaupt, dass diese Modelle zutreffend rechnen? Die offensichtliche Antwort ist die richtige: Man startet das Modell mit Informationen von vor fünf oder 5000 Jahren und schaut, inwiefern seine Vorhersagen mit dem übereinstimmen, was man bereits über das frühere Klima weiß. Man kann ein Modell auch einer doppelten Überprüfung unterziehen, indem man nachsieht, wie es auf ungewöhnliche Ereignisse reagiert, die zu klimatischen Anomalien führen. Wenn man bereits weiß, dass ein bestimmter Vulkanausbruch zu allen möglichen örtlichen Veränderungen und auch zu Veränderungen in der Pflanzenwelt geführt hat und detaillierte Aufzeichnungen darüber vorliegen, so kann man diesen Ausbruch in das Modell einbauen und nachsehen, inwiefern es mit dem übereinstimmt, was tatsächlich geschah. Die Details, die man vergleicht, können dabei außerordentlich feinkörnig sein.

Ich habe all dies etwas weniger komplex dargestellt, als es tatsächlich ist. Manche Klimamodelle, die 100 Jahre in die Zukunft reichen, können mehr als eine Quadrillion verschiedene Anweisungen einbeziehen und benötigen zur vollständigen Ausführung mehr als einen Monat. Es gibt weltweit eine ganze Reihe von Klimazentren, die unterschiedliche Klimamodelle ausführen. In jedem Zentrum arbeiten hunderte von Mitarbeitern, jeder untersucht möglicherweise nur einen bestimmten außergewöhnlichen Aspekt des Modells, des Algorithmus, der Daten oder unserer Welt. Diese Menschen werden immer besser bei dem, was sie tun, und die Modelle werden immer genauer. Insofern lassen wir uns von den Modellen überzeugen.

Eines der visuell außerordentlich beeindruckenden Klimamodelle wurde im Jahre 2001 vom Weltklimarat veröffentlicht. Der Bericht enthält eine Serie von drei Diagrammen, welche die jährliche weltweite mittlere Oberflächentemperatur, wie sie durch Modelle simuliert ist, mit den tatsächlichen Beobachtungen von 1860 bis 2000 vergleicht. Im ersten Diagramm wurden in das Modell ausschließlich natürliche Faktoren mit einem Einfluss auf Temperaturen einbezogen. Es gibt nicht viele Übereinstimmungen zwischen beobachteten und modellhaft berechneten Temperaturen. Im zweiten wurden nur menschenbedingte Treibhausgase in der Modellrechnung verwendet – das Ergebnis ist eine höhere Übereinstimmung zu den beobachteten Temperaturen. Die Ergebnisse des dritten Modells, bei dem die Übereinstimmung mit den beobachteten Temperaturen am höchsten war, berücksichtigt sowohl natürliche als auch menschliche Faktoren.

Der neuste Bericht des Weltklimarats basiert nicht mehr nur auf Modellen, sondern auch auf dem, was „unmittelbare Beobachtungen des Klimawandels“ genannt wird. Selbst die traditionell vorsichtigen Wissenschaftler gestehen zu, dass man beobachten kann, wie der Klimawandel stattfindet. Ob Sie an die Modelle glauben oder nicht – es ist schwer, vor der Tatsache die Augen zu verschließen, dass die Menschen wahrscheinlich einen wesentlichen Einfluss auf das Klima hatten. Das mag Sie anregen, sich über die Einflüsse Gedanken zu machen, die wir in Zukunft auf das Klima haben werden.

Künftige Perspektiven

Was lässt sich über die Zukunft unseres wärmer werdenden Planeten sagen?[18] Die zu Beginn dieses Kapitels geschilderten Veränderungen, die wir in Gang gesetzt haben, werden unaufhaltsam fortschreiten, egal was wir tun. Die Erde wird bestimmt noch wärmer. Es lässt sich nicht sicher vorhersagen, wie viel Kohlendioxid wir weiterhin in die Atmosphäre entlassen oder wie die Rückkopplungsmechanismen der Erde reagieren. Sowohl in Bezug auf Ausmaß als auch auf zeitlichen Ablauf und regionale Veränderlichkeit bergen unsere Schätzungen Ungewissheiten in sich. Was wir allerdings wissen ist, dass uns eine Steigerung der weltweiten mittleren Oberflächentemperatur von 1,1 bis 6,4 Grad Celsius während dieses Jahrhunderts ins Haus steht. Nach Berichten von Paläoklimatologen ist diese Steigerung seit mindestens 10 000 Jahren beispiellos – manche behaupten sogar, dass die Erde seit 400 000 Jahren nicht so warm war.

Sie können sich über die Geschwindigkeit und das ungeheure Ausmaß des Wandels Gedanken machen, indem sie an Eiszeiten und gemäßigte, zwischeneiszeitliche Perioden denken, die diese beendeten. Der Temperaturunterschied zwischen Eiszeiten und wärmeren Perioden liegt zwischen fünf und sechs Grad. Nach menschlichen – im Gegensatz zu geologischen – Zeitskalen benötigt die Erde sehr lange, um den Übergang von einer Eiszeit zu einer relativ warmen Periode zu vollziehen. Die Temperaturveränderungen, die in diesem Jahrhundert vor uns liegen, sind je nach Ausmaß des Klimawandels irgendwo zwischen einer Drittel- und einer kompletten

Eiszeit einzuordnen. Gemessen in Erdmaßstäben ist dies erstaunlich schnell. Überdies läuft die Erwärmung in eine ungewohnte Richtung: Die Welt bewegt sich gerade auf das Gegenteil einer Eiszeit zu, wie auch immer das ausfallen mag.

Bedenken Sie immer, dass die erwähnten Temperaturen weltweite Durchschnittswerte sind. Manche Gebiete werden Steigerungen von weit mehr als durchschnittlich 1,1 bis 6,4 Grad Celsius haben – Landmassen gegenüber den Oberflächen der Ozeane, insbesondere polare und tropische Regionen. Es wird weltweit höhere Maximaltemperaturen, mehr heiße Tage und mehr Hitzewellen geben. Umgekehrt wird es höhere Minimaltemperaturen und weniger kalte Tage oder Frost geben. Dieser allgemeine Trend wird die bereits bekannten Auswirkungen weiter verschärfen; Veränderungen, die in unserer Welt bereits stattfinden.

Die Zukunft wird zum Beispiel durch extremere Wetterereignisse gekennzeichnet sein. Da unser Planet wärmer wird, wird die Verdunstungsrate steigen, mehr Wasserdampf wird aufsteigen und in einigen Teilen der Erde werden entweder sehr viel mehr oder sehr viel weniger Niederschläge fallen. Es ist keine gleichmäßige Verteilung des zusätzlichen Regens zu erwarten. Klimatologen sagen, dass der Wasserkreislauf der Erde intensiver wird, und damit meinen sie, dass extremere Wetterereignisse auftreten werden – extrem in beide Richtungen: sowohl nass als auch trocken. Häufigkeit und Intensität schwerer Regengüsse, Gewitter und Überflutungen werden zunehmen, ebenso wie auch die Häufigkeit von Erdrutschen, Lawinen und Schlammlawinen. In anderen Gegenden wird es mehr und längere Dürreperioden geben oder der allgemeine Rückgang der Niederschlagspegel verstärkt sich. In diesen Gebieten werden Ernten geringer ausfallen oder überhaupt unmöglich, Wasser für landwirtschaftlichen oder menschlichen Verbrauch wird knapp oder verschwindet völlig, Wald- und Buschbrände häufen sich. Es gilt zudem die Prognose, dass Wirbelstürme häufiger und stärker werden; der Monsunkreislauf wird gestört, das Wettergeschehen nimmt generell an Dramatik zu.

Der Rückzug der Gletscher wird sich fortsetzen. Es wird eine kleinere Schneedecke auf der Erde geben, Permafrostböden werden weiter schmelzen, die Ausdehnung des Meereseises wird sich weiter verringern ebenso wie der grönländische Eisschild weiter schrumpft. Darüber hinaus nimmt die Geschwindigkeit all dieser Veränderungen zu, sobald die Geschwindigkeit der Temperaturveränderung steigt. Gegenden, deren Schnee- oder Eisdecken bisher nur langsam verloren gingen, werden diese schneller verlieren, vielleicht sogar vollständig. Der Gletschernationalpark in Montana war einst völlig mit Eis und Schnee bedeckt. 1850 gab es dort 150 Gletscher. Heute gibt es 27, die bis 2030 spurlos verschwinden werden. Der Schnee des Kilimandscharo – nach Hemingway „unglaublich weiß in der Sonne" – wird bis 2020 tauen. Mindestens ein Sechstel der Weltbevölkerung bezieht ihr Frischwasser aus Schmelzwasser von Höhenzügen. Damit verringern sich die Wasservorräte für eine große Anzahl von Menschen, vielleicht für Milliarden – und zwar schon in den kommenden Jahrzehnten – oder sie verschwinden vollständig.

Generelle Veränderungen des Wetters und der Erdoberfläche laufen parallel zu einem Wandel im Leben vieler Pflanzen und Tiere. Denjenigen Lebewesen, die bereits vom Aussterben bedroht sind, wird wahrscheinlich durch die Veränderung ihrer Umwelt der Todesstoß versetzt. Es sind nicht nur Aushängeschilder des Klimawandels wie die allbekannten Eisbären und Gorillas, die dem Untergang geweiht sind. Nach vorsichtigen Schätzungen könnten zwischen 15 und 37 Prozent aller Pflanzen- und Tierarten als Resultat des Klimawandels bereits 2050 zur Ausrottung verdammt sein.[19] Die Aussterberate liegt in diesem Jahrhundert um hundert- bis tausendmal höher als gewöhnlich. Informationen zufolge, die sich aus Fossilien gewinnen lassen, erleben wir gerade die sechste Periode eines massenhaften Aussterbens auf unserem Planeten – die fünfte brachte die Dinosaurier um. Der Biologe E. O. Wilson hat unsere unmittelbare Zukunft „Das Zeitalter der Einsamkeit" genannt, weil er davon ausgeht, dass nur wir noch auf der Erde leben und nicht viel anderes.[20] Wie auch immer man versuchen mag, das Problem in den Griff zu bekommen: Wir leben in einer Zeit bestürzender, plötzlicher und irreversibler Verluste.

All dies wird uns Menschen beeinträchtigen und zwar nicht nur jene von uns, die ihre Häuser – wie Berggorillas – in gefährlichen Regionen bauen. Die Erhöhung der Durchschnittstemperaturen ist nun einmal besonders offensichtlich. Manche Orte lassen sich damit besser besiedeln, andere hingegen, die bereits bewohnt und obendrein dicht besiedelt sind, wird man künftig aufgeben müssen. Wüsten dehnen sich dann über den amerikanischen Nordwesten aus. Die Mittelmeerländer werden Nordafrika in klimatischer Hinsicht beerben.[21] Hitze allein kann uns umbringen: Während einer Hitzewelle im Sommer 2003 starben europaweit 35 000 Menschen – einige Schätzungen gehen von weit mehr aus. Ob die hohen Temperaturen durch globale Erwärmung verursacht wurden oder nicht, ist dabei völlig unerheblich. Tatsache ist, dass länger andauernde

Wärmeperioden Menschen töten können. Die World Meteorological Association schätzt, dass die jährliche Anzahl der Hitzetoten sich angesichts steigender Durchschnittstemperaturen bis 2020 verdoppeln wird.[22]

Nun erinnere ich Sie an den prognostizierten Anstieg des Meeresspiegels. Die Meereshöhe wird bis zum Ende des Jahrhunderts zwischen zehn Zentimetern und einem Meter ansteigen. Wie schon bei der Temperaturentwicklung, könnte der Anstieg in einigen Gebieten noch sehr viel höher ausfallen. Da die Durchschnittstemperaturen der Ozeane im Vergleich zu Oberflächentemperaturen länger für eine Veränderung benötigen, wird die Wärmeausdehnung der Ozeane ein bisschen dauern. Das bedeutet, dass der Meeresspiegel über viele Jahrhunderte, vielleicht Jahrtausende weiter steigen wird, egal, was wir unternehmen. Fast die Hälfte der Menschheit lebt heute in Küstengebieten, also dort, wo auch bei einem nur geringen Anstieg der weltweiten Meereshöhe Überschwemmungen drohen. Bangladesch ist beispielsweise so etwas wie ein dicht besiedeltes Flussdelta. Bei einem Anstieg von einem Meter würde das Land zwanzig Prozent seiner bewohnbaren Fläche verlieren – Land, das gegenwärtig ungefähr fünfzehn Millionen Menschen besiedeln. Der voraussichtliche Anstieg des Meeresspiegels in der Region von Bangladesch wird bis 2050 auf einen Meter geschätzt; andere Schätzungen gehen von zwei Metern bis 2100 aus.[23]

Man kann darüber nachdenken, wohin all diese Menschen ausweichen werden – nicht nur die Menschen aus Bangladesch, sondern auch die Hundertmillionen weltweit, die der Anstieg des Meeresspiegels gleichermaßen betrifft. Man kann sich auch fragen, wie es um die Ernährung bestellt ist. Die Böden von Überschwemmungsebenen sind nährstoffreich, ein erheblicher Anteil der weltweiten landwirtschaftlichen Produktion findet hier statt, also genau auf den Flächen, die bei einem Anstieg des Meeresspiegels verschwinden werden. Die Industrie siedelt sich bevorzugt in der Nähe von Küsten und Flüssen an; auch sie wird entsprechend leiden. Weiterhin ist das Trinkwasser in Gefahr, denn wenn der Meeresspiegel steigt, sickert Meerwasser in den Grundwasserspiegel. Steigende Temperaturen werden auch mitbestimmen, was und wo etwas angebaut werden kann – ganze Ernten werden verloren gehen, während wir versuchen, uns anzupassen.

Wir sollten in Zukunft mit Hundertmillionen, sogar Milliarden hungriger, durstiger, heimatloser Menschen rechnen, die nicht nur dem erhöhten Meeresspiegel, sondern auch versengtem Ackerland und leeren Brunnen entkommen wollen. Es braucht nicht viel, um sich Konflikte vorzustellen, bei denen es um den Zugriff auf die wichtigen Ressourcen geht. Es braucht auch nicht viel, um zu begreifen, dass die Ärmsten der Welt diejenigen sein werden, die die meisten Nachteile aushalten müssen und die geringsten Mittel haben, um sich anzupassen. In Afrika beispielsweise – schon jetzt ein Kontinent, der sich im Griff von Dürre, Ernteausfällen, regionalen Konflikten, Wasserknappheit, Seuchen befindet – wird der Klimawandel dazu führen, dass alles noch schlimmer wird.[24]

Es wird in Zukunft eine Vielzahl von Todesfällen geben, die es nicht gegeben hätte, wenn wir und die vor uns anders gehandelt hätten. Auch eine Menge zusätzlicher Leiden wie Seuchen, Durst, Hunger, Gewalt und ähnliches Grauen hätten vermieden werden können. Was wir heute und in den nächsten Jahren unternehmen werden, zählt – was die jetzige Generation tut, wird genauso viel zählen; doch hier überholen wir uns gerade selbst.

All diese Veränderungen stehen uns ins Haus, aber Wissenschaftler sprechen auch über „umfangreiche, mit großen Auswirkungen verbundene, nicht lineare" Veränderungen, die aus steigenden Temperaturen resultieren, und damit meinen sie weltweite Katastrophen. Die Mechanismen, die diese Veränderungen stützen, sind kaum verstanden und es gibt keinen Konsens darüber, wann – und in einigen Fällen auch ob – diese Ereignisse auftreten können. Es gibt jedoch zumindest eine weitverbreitete Sorge, dass sie im nächsten Jahrhundert oder danach auftreten werden, wenn wir weiter fossile Brennstoffe auf dem jetzigen Niveau verbrennen, wenn wir verrückt genug sind, so wie gewohnt weiterzumachen. Die thermohaline Zirkulation der Ozeane, die manche als „großes maritimes Förderband" bezeichnen, transportiert Wärme zwischen den Ozeanen der Erde. Sie ist dafür verantwortlich, dass Nordwesteuropa in den Genuss eines für seinen Breitengrad milderen Klimas kommt als, sagen wir, Grönland. Warme Strömungen aus dem Süden fließen in den Norden. Ein Teil dessen, was die Zirkulation ausmacht, ist das Sinken von dichtem, kaltem, salzigem Wasser. Laut einem Szenario wird es bei einer Erwärmung der Erde mehr Niederschläge geben und deshalb mehr Frischwasser in den Ozeanen, und nach einer Weile wird dies den Fluss der Meeresströmungen abschwächen, vielleicht die Zirkulation vollständig und unumkehrbar stilllegen. Das Abschmelzen des Eises der Erde bringt auch frisches Wasser in das System. Die Wärmeverteilung auf unserem Planeten würde sich dramatisch verändern, und die Unterbrechung würde sich auf zahlreiche, ganz unterschiedliche Biotope ebenso wie auf den Menschen auswirken.

Nach jahrzehntelang andauernder Erwärmung könnte eines Tages im 21. Jahrhundert der Eisschild der Antarktis zu schmelzen beginnen. Bei starker Schmelze droht hier eine Anhebung des Meeresspiegels um mehrere Meter. Der grönländische Eisschild schmilzt bereits jetzt, durch einen beträchtlichen Anstieg der Temperaturen würde er völlig abschmelzen und den Meeresspiegel um sieben Meter erhöhen. Das ist ein gigantischer Anstieg, von dem fast alle Teile der Erde auf die eine oder andere Weise betroffen wären.[25]

Plötzliche Zusammenbrüche ganzer Ökosysteme gehören auch zu den möglichen Folgen dauernder Erwärmung. Das geht weit über die große Zahl aussterbender Arten hinaus, die bereits unausweichlich sind. Stattdessen wären entsprechende Ökosysteme insgesamt bedroht. Der riesige Regenwald des Amazonas befände sich auf dem Weg zur vollständigen Zerstörung, um nur eine schreckliche Möglichkeit zu nennen; nahezu alle dort lebenden Wesen würden dabei vernichtet und die Beziehungen zwischen diesem Ökosystem, dem Klima und dem Rest des Planeten auf ewig verändert.

Es gibt auch eine Reihe möglicher Rückkopplungsmechanismen, wie die Wasserdampfrückkopplung, die oben erwähnt wurde. Wissenschaftler sprechen über Schwellen, *Points of no return* und Kipppunkte – wenn ein bestimmtes Maß überschritten ist, beginnen besondere Rückkopplungen zu wirken, die die Geschwindigkeit des Klimawandels antreiben. Die erhöhte Geschwindigkeit hat ihrerseits wieder einen Anstoßeffekt und führt zu weiteren Rückkopplungen. Mit der Zeit wird das Klimasystem immer wärmer, erreicht möglicherweise einen neuen stabilen Stand, der aber nicht mehr mit dem gemäßigten zu vergleichen ist, in dem wir leben. Das Problem besteht darin, dass wir keine Vorstellung davon haben, wo diese Schwellen liegen, wir wissen nur, dass die Erwärmung uns auf sie zutreibt. Da hallt der Gedanken wider, der als Erstes von Revelle und Suess ausgesprochen wurde: Wir führen ein Experiment an unserem Planeten durch und haben keine klare Vorstellung von den möglichen Ergebnissen.

James Lovelock ist für die sogenannte Gaia-Hypothese bekannt, wonach die Erde ein sich selbst regulierendes System ist, mit (lebenden) Bestandteilen, die die Welt gemeinsam gastlich und bewohnbar machen. Lovelock hat kürzlich behauptet, dass es zu spät sein könnte, um etwas Wesentliches gegen den Klimawandel zu unternehmen. Er befürchtet, dass wir bereits das Maß überschritten haben und uns jetzt nur noch auf das Grauen eines alarmierend unwirtlichen Klimas in der Zukunft vorbereiten können. Regierungen sollten die Ressourcen dazu verwenden, so viele Bürger wie möglich zu retten. Das menschliche Wissen sollte in haltbaren Büchern aufgezeichnet werden, auf die Überlebende in den Trümmern der Zivilisation stoßen können. Vielleicht müssen Bunker gebaut werden. Bestenfalls dürfen wir hoffen, Überlebenden helfen zu können, vielleicht trägt uns die dürre Hoffnung, dass unsere Spezies unter den Wenigen sein wird, die überleben werden. Er setzt folgendes Bild ans Ende eines jüngst erschienenen Buches:

> „Inzwischen sammeln sich auf der heißen, feuchten Erde Überlebende für die Reise zu den neuen arktischen Zivilisationszentren; ich sehe sie in der Wüste, in der Morgendämmerung und die Sonne wirft ihren festen stechenden Blick über den Horizont auf ihr Lager. Die kühle frische Nachtluft verweilt noch ein bisschen, löst sich dann wie Rauch auf und die Hitze übernimmt das Kommando. Das Kamel erwacht, blinzelt und erhebt sich langsam zum Stehen. Die wenigen verbliebenen Mitglieder des Trecks steigen auf. Das Kamel muss aufstoßen und macht sich auf die lange, unerträglich heiße Reise zur nächsten Oase."[26]

Mit diesen Ansichten gehört Lovelock – er hat sich noch mehrfach zu Klima und Menschheit geäußert – zu einer Minderheit. Während einige Wissenschaftler den Gedanken des unvermeidbaren Beinahe-Aussterbens unserer Spezies als Ergebnis des Klimawandels zulassen, geht die große Mehrheit davon aus, dass die Reduzierung der Treibhausgasemissionen die Auswirkungen des Klimawandels verringern und verlangsamen kann.

Die unterschiedlichen Schätzungen über den Anstieg des Meeresspiegels, die Durchschnittstemperaturen und so weiter haben vor allem mit Prognosen über die Menge des Kohlendioxids in der Atmosphäre zu tun. Die verschiedenen Emissionsszenarien, die vom Weltklimarat benutzt werden, um zukünftige Temperaturen vorherzusagen, beruhen auf Entscheidungen, die wir jetzt treffen. Einige Szenarien gehen von einem schnellen wirtschaftlichen Wachstum aus, inklusive der Einführung effizienter Technologien und steigendem sozialen Zusammenhalt sowie verschiedenen Arten der Energieerzeugung; andere beschreiben heterogene Welten mit Bevölkerungswachstum, kaum Zusammenarbeit, mit regionalen Gewinnern und Verlierern; wieder andere betonen weltweite Lösungen zur Nachhaltigkeit; andere richten das Hauptaugenmerk auf lokale Anstrengungen, um sowohl Mensch als auch Umwelt zu schützen. Diese Zukunftsentwürfe führen uns in ganz verschiedene Welten.

All dies mag Sie ein bisschen in Sicherheit wiegen. Die Variable, die mit dem Ausmaß des Klimawandels am meisten zu tun hat, ist zugleich diejenige, die wir unmittelbar beeinflussen können. Es handelt sich weder um Sonnenflecken, noch um Kohlenstoffaufnahmekapazität, noch um Gletscherschmelzgeschwindigkeit. Allein wir sind es.

Richtig und falsch

All das Gold, das sich auf oder unter der Erde befindet, reicht nicht aus, um es für die Tugend zu tauschen.
Platon

Wissenschaftliche Fakten sind ein notwendiger Teil der Reflexion über den Klimawandel, aber sie sind keineswegs alles. Wissenschaft kann uns sagen, was geschieht, aber nicht, was wir dagegen tun sollten. Was wir tun sollten hängt stark davon ab, was wir wertschätzen und wie wir über unsere Werte denken. Bevor wir zu den speziell mit dem Klimawandel zusammenhängenden moralischen Fragen gelangen, ist es sinnvoll, sich einen Augenblick lang über Moral als solche Gedanken zu machen. Wir werden hier den Schwerpunkt auf die Teile der Moralphilosophie legen, die wir als Hintergrund für die kommenden Argumente benötigen. Ich hoffe, darüber hinaus auch einige Missverständnisse über Ethik auszuräumen – Missverständnisse darüber, wie, warum und ob wir unsere moralischen Überzeugungen begründen können –, genauso wie wir es schon mit einigen störenden Gedanken über die Wissenschaft des Klimawandels getan haben.

Zu Beginn sei vorausgeschickt, dass die Moralphilosophie darauf beruht, für bestimmte Überzeugungen Gründe zu liefern – also logisch durchdachte Begründungen anzubieten. Sofern Sie der Meinung sind, dass dies nicht nur möglich, sondern vielmehr von großer Bedeutung ist, werden Sie die Argumente in den folgenden Kapiteln nicht berühren. Wir werden uns daher kurz mit der Notwendigkeit von Rechtfertigungen befassen – warum Begründungen wichtig sind – und den Weg aufzeigen, den solche Begründungen nehmen können. Es ist wichtig, die Tatsache herauszustellen, dass das Menschsein es erfordert, im Einklang mit Prinzipien zu leben. Diese Tatsache begleitet uns, wenn wir die Argumente zum Handeln gegen den Klimawandel betrachten.

Grundlegende Kenntnisse über einige Moraltheorien sind notwendig, ebenso wie über Konsequenz und die Rollen von Emotionen und Intuitionen in der moralischen Betrachtung. Schließlich seien noch ein paar Worte über Umweltethik gesagt, damit Sie den im vorliegenden Buch geschilderten Ansatz nachvollziehen können. Dieser Ansatz mag im Moment weniger zu einigen gängigen Umweltschutzkonzepten passen, aber ich habe die Hoffnung, dass er sich Raum schaffen wird. Die mit dem Klimawandel zusammenhängenden Probleme sind so ernst, dass wir jede theoretische Hilfe annehmen sollten, die wir bekommen können, aber auch alles benutzen sollten, was wir haben. Wir beginnen mit der Philosophie und dem Stellenwert moralischer Überlegungen.

Philosophie und Moral

In der allgemeinen Wahrnehmung ist Philosophie – was auch immer sie sonst noch ist – eine besondere Art des Versuchs, drei sehr große Fragen zu beantworten: Was existiert? Woher wissen wir das? Was werden wir damit anfangen? Antworten auf die erste Frage verwickeln uns in die Metaphysik, in eine Untersuchung des bloßen Seins. Metaphysiker versuchen, etwas Licht in dieses Sein zu bringen, indem sie etwas über die wesentlichen Kategorien oder grundlegenden Bestandteile der Realität aussagen: die Natur Gottes, die Zahlen, den Geist, Eigenschaften, Ursächlichkeit und so weiter. Antworten auf die zweite Frage betreffen die Erkenntnistheorie, das Studium des Wissens selbst. Ein Teil der Erkenntnistheorie befasst sich mit dem Ansatz, welches die Bedingungen für die Erkenntnis einer Aussage sind, ebenso wie mit der Frage, wann oder ob wir diese Bedingungen erfüllen. Antworten auf die dritte Frage verwickeln uns in großem Maße in die Moralphilosophie, wo es darum geht, die Prinzipien ethischen Handelns oder richtigen Verhaltens auszudrücken und zu beschreiben.

Wir werden uns mit Moral statt dem bloßen Sein oder den Bedingungen der Erkenntnis befassen, was die Angelegenheit vereinfacht. Vielleicht ist es auch für mich eine kleine Erleichterung. Einige von uns fühlen sich bei Betrachtungen über Ethik relativ wohl – jedenfalls wohler als beim Nachdenken über den ontologischen Status der Zahlen oder die notwendigen und ausreichenden Bedingungen für die Begründung von Glauben. Diejenigen, die zum ersten Mal mit Philosophie in Berührung kommen, wissen etwas über ethisches Verhalten, auch wenn sie sich nie große Gedanken über die übrigen philosophischen Bereiche gemacht haben. Wir alle sind in einem Referenzsystem von Überzeugungen aufgewachsen, von denen wir einfach annehmen, sie seien wahr, vielleicht sogar unwiderlegbar oder zumindest unumstritten. Einige dieser Überzeugungen sind moralischer Natur. So teilen wir allein schon aufgrund unserer Zugehörigkeit zu einer bestimmten Art von Familie und Kultur moralische Überzeugungen. Vermutlich kommt daher zunächst ein Gefühl von Erleichterung auf, aber das kann ziemlich schnell wieder vergehen.

Moralphilosophie ist nämlich mehr, als nur Ansichten über richtig und falsch zu haben. Jeder kann im Grunde genommen denken, dass Stehlen falsch ist, aber dieser Gedanke kann sich in Moralphilosophie wandeln, wenn er durch Gründe gestützt wird, die miteinander zusammenhängen, Gründe, die diesen Gedanken als Schlussfolgerung tragen. Die oben aufgestellte Behauptung über die Philosophie, sie sei ein Versuch, drei sehr große Fragen zu beantworten, bedarf eines Kommentars: Die Antworten müssen von einer nachvollziehbaren Logik oder Beweisführung durchdrungen sein. Nur zu sagen oder zu denken, dass Stehlen falsch ist, ist keine Moralphilosophie. Man muss gute Gründe für diese Behauptung haben. Obwohl wir alle moralische Überzeugungen teilen – weil wir als Menschen auf eine bestimmte Weise aufgewachsen sind –, kann Moralphilosophie für uns so ungewohnt sein wie Metaphysik, da sie nicht nur aus Überzeugungen besteht, sondern auch Begründungen liefert.

Warum Begründungen wichtig sind

Bevor wir fortfahren, befassen wir uns mit verschiedenen Varianten der Behauptung, wonach Moraltheorie – also das Angeben von Gründen für unsere moralischen Überzeugungen – schlichtweg unmöglich sei. Wenn Sie verstehen, warum es nicht nur möglich, sondern auch wichtig ist, Gründe anzugeben, bekommen Sie die Moralphilosophie und die Rolle der Moral bei unserer Entscheidungsfindung besser in den Griff. Dann erst können wir darüber nachdenken, wie die Angabe von Gründen für moralische Überzeugungen tatsächlich funktioniert.

Sie befürchten vielleicht, dass etwas schon bei der Konzeption der Moralphilosophie schiefgegangen ist, die wir uns eben angesehen haben. Vielleicht spüren Sie darin eine gewisse Spannung. Auf der einen Seite scheint es so zu sein, dass wir alle eine Reihe von moralischen Überzeugungen haben, die einen Hintergrund bilden, vor dem wir unser Denken über richtig und falsch einordnen – uns wurde dies durch die Art und Weise unseres Aufwachsens mitgegeben. Andererseits war als Aufgabe der Moralphilosophie angedacht, dass sie Gründe für solche Überzeugungen angibt.

Es kann so aussehen, als ob der Grund, aus dem wir moralische Überzeugungen haben, bereits gegeben wurde: Wir haben sie aufgrund der unseres persönlichen Hintergrundes. Und Ende der Geschichte.

Wer so denkt, macht sich die Zweideutigkeit des Begriffes „Grund" zunutze. Der Grund im Sinne einer Erklärung für das Vorhandensein von uns eigenen moralischen Überzeugungen kann wirklich auf die Umstände unseres Aufwachsens hinauslaufen. Allerdings ist der Grund im Sinne einer rationalen Begründung unserer moralischen Überzeugungen etwas vollkommen anderes. Wenn ich Sie nach dem Grund, der rationalen Begründung für Ihre Überzeugung frage, dass Selbstverteidigung einige Arten von Gewalt entschuldigt, und Sie dann weiter von Ihrem kulturellen Erbe sprechen, muss ich davon ausgehen, dass Sie meine Frage nicht richtig verstanden haben. Ich wollte ein Argument, eine Reihe von Voraussetzungen und eine Schlussfolgerung hören – mit anderen Worten: ein bisschen Moralphilosophie, keine Lebensbeschreibung oder persönliche Geschichte.

Wegen dieser Zweideutigkeit kann man mit einer solchen Erwiderung wenig anfangen, die meist obendrein von einem Klaps auf die Stirn des Sprechers begleitet wird, der heißen soll: „Sie sind doch nicht etwa davon überzeugt, bloß weil Ihre Eltern davon überzeugt waren?" Es ist ein Aspekt des hier kurz beschriebenen Gedankens, dass rationale Begründungen für Überzeugungen mehr sind als Geschichten über ihre Ursprünge. Vielleicht erben wir alle eine Reihe moralischer Überzeugungen, aber dann ist es an uns, Begründungen für diese auszuarbeiten – wir können sie auch im Verlauf unseres Lebens ablehnen oder verändern. Manche gehen so weit zu sagen, dass es eine Art moralischen Versagens darstellt, wenn es einem nicht gelingt, eigene Begründungen zu finden. Wenn man das Argument kritisiert, muss man aber nicht gleichzeitig die Bedeutung unserer Traditionen herunterspielen. Einige Facetten einer Tradition werden von gut verständlichen und argumentativ gut gestützten Auffassungen von Gerechtigkeit, Fairness, Gleichheit und Ähnlichem überquellen. All das zu ignorieren ist ebenso falsch, wie es als gegeben anzunehmen. Innerhalb einer Tradition zu argumentieren und Überlegungen anzustellen ist eben nicht dasselbe, wie ihr blindlings zu folgen.

Auf jeden Fall könnten Sie nun denken, dass die Art von Begründung, die von der Moralphilosophie gefordert wird, unmöglich ist, da dem Ursprung oder der Natur moralischer Überzeugungen eine tiefere Vorstellung zugrunde liegt, die etwas mit Sozialpsychologie, Anthropologie oder Evolution zu tun hat. Das ist ein anderer und etwas stärkerer Gedanke. Es mag sein, dass eine Lesart dieses Denkens dahin geht, dass Moral nicht mehr als ein kulturelles Kunstprodukt sei. Rationale Begründungen können für unsere moralischen Überzeugungen nicht gegeben werden, denn es muss für sie keine Begründungen dieser Art geben. Moral ist nichts weiter als eine Reihe von Regeln, die durch die sozialen Bedürfnisse und Wünsche unseres Volkes entstanden sind. Regeln sind, was sie sind, weil sie uns allen helfen zurechtzukommen. Es hätte anders sein können und ist es tatsächlich auch: bei Gemeinschaften in anderen Teilen der Erde, die andere Bedürfnisse und Absichten, andere Umstände und Geschichten haben.

Vielleicht sind Sie von einem ähnlichen, etwas finsteren Gedanken angezogen – der vor langer Zeit von Platon und noch einmal explizit in Nietzsches Schriften ausgedrückt wurde –, dass Moral nicht mehr ist als die Aufzeichnung des Willens des Starken. Einige neuere Denker – wahrscheinlich unter dem Einfluss dubioser Betrachtungen über die Evolution – fügen ein bisschen Pop-Darwinismus hinzu und behaupten, dass Moral die menschliche Ausprägung der Regeln ist, die in der Affenhierarchie herrschten. Alpha-Männchen verlangen bestimmte Verhaltensweisen von ihren affenartigen Untergebenen, und wir haben damit auf unsere speziell menschliche Weise weitergemacht. Unsere Moralgesetze belassen die Herrschenden in ihrer Dominanzstellung: Zahl deine Schulden zurück, lüge und betrüge nicht, wirst du geschlagen, halte auch noch die andere Wange hin, ehre deine Eltern und so weiter. Einige weisen auf wenig erfreuliche Tatsachen bezüglich unserer Gene hin und ziehen eigennützige Schlussfolgerungen daraus.

So oder so kann man schließen, dass die Begründungen unmöglich sind, die vermeintlich einen Großteil der Moralphilosophie ausmachen. Die dargelegten Gedankengänge sollen zeigen, dass es keine Begründungen, keine Gründe für unsere moralischen Überzeugungen gibt, wenn man annimmt, dass die Ursprünge der Moral in etwas anderem als der Vernunft liegen. Die Vernunft kann niemals wirklich Fuß fassen. Wir haben vorhandene moralische Überzeugungen aufgrund anderer Kräfte als unseres eigenen Gehirns – wir wurden so sozialisiert oder vielleicht durch die Evolution derart gezwungen, dass wir Moralgesetze in unseren Köpfen haben. Wir verhalten uns aber nicht moralisch, weil wir ein Argument durchgegangen sind und gesehen haben, dass die Schlussfolgerung, das Richtige zu tun, richtig ist. Also ist das Argument überflüssig.

Möglicherweise lautet die beste Antwort auf dieses Denken folgendermaßen: Vielleicht ist es richtig, vielleicht ist die Moral ein komplizierter sozialer Klebstoff, den es gibt, um uns zu helfen, so gut wie möglich miteinander zurechtzukommen. Vielleicht ist sie zunächst in Form von Regeln aufgetaucht, die von den Verantwortlichen aufgesetzt wurden, oder von immanenten Regeln des Sozialverhaltens von Primaten oder – bleiben Sie entspannt – aus unseren Genen. Aber auch wenn einiges davon oder alles richtig ist – und ich habe den starken Verdacht, dass es das nicht ist –, auch wenn dies die wahre Geschichte über den Ursprung oder die ursprüngliche Funktion von Moral ist, gibt es noch immer sehr viel Raum für Moralphilosophie.

Indem wir nach einer vernünftigen Begründung für unsere moralischen Überzeugungen fragen, erkennen wir ein menschliches Faktum an, das heißt eine Tatsache über unser Menschsein. Wo auch immer Moral herkommt, welche Funktion sie primär oder gegenwärtig hat: Ihre Vorschriften haben nur dann eine Wirkung auf uns, wenn wir sie uns zu Eigen machen, wenn wir nach ihnen und manchmal für sie leben – mit anderen Worten, wenn wir Gründe für sie akzeptieren. Wenn wir keine Gründe für unsere moralischen Überzeugungen liefern, dann sind moralische Überzeugungen wirklich etwas Dürftiges, wie sozialer Klebstoff oder das bloße Überbleibsel einer affenartigen Hierarchie. Wenn wir Gründe benennen, tun wir mehr, etwas spezifisch Menschliches, das wirklich den Namen Moral verdient.

Dieser Gedanke ist nicht leicht zu erfassen; ein – wenngleich etwas vereinfachtes –Beispiel kann helfen. Der Punkt ist es wert. Kurt Vonneguts Buch *Die Sirenen des Titan* erzählt die Geschichte von Salo, Forscher aus einer Gattung extrem langlebiger Roboter. Salo ist auf einer Mission, bei der er eine Botschaft in eine andere Galaxie bringen soll, als ein kleiner Metallstreifen kaputtgeht, der für die Funktion seines Raumschiffes nötig ist, sodass er auf einem Mond in unserem Sonnensystem strandet. Er fordert Hilfe von seinen weit entfernten Gefährten an und diese antworten, indem sie verschiedene Strahlen auf die Ur-Erde richten und so deren gesamte Geschichte verändern, Leben auf dem Planeten entstehen lassen und Richtung und Entwicklung derart lenken, dass der Sinn und Zweck jedes menschlichen Lebens allein darin liegt, ein Ersatzteil an Salo zu liefern. Normalerweise beeindruckende menschliche Bauwerke wie die Große Mauer in China oder Stonehenge sind nur ein Teil der Manipulation: Es sind Nachrichten von Salos weit entfernten Kameraden in ihrer eigenen geometrischen Sprache, die grob übersetzt so viel heißen wie: „Es dauert nicht mehr lange." Ein Mensch liefert schließlich unwissentlich das Ersatzteil. Die Botschaft, die Salo bei sich trug, bestand nur aus dem Wort „Grüße", das einer anderen Zivilisation galt.

Anhand der Geschichte entwickeln sich Diskussionen über die Bedeutung des Lebens. Manche behaupten, dass menschliches Leben ohne eine objektive Kraft, die außerhalb steht, keine wirkliche Bedeutung hat; gedacht ist an etwas anderes oder jemand anderen als wir selbst, der unserem Leben Bedeutung verleiht. Der übliche Verdächtige ist hier Gott. Es wird behauptet, dass ein Individuum Ziele oder Pläne haben mag, aber solange diese nicht Teil eines großen Plans sind, haben sie keinerlei Bedeutung. Vielleicht sind sie zu klein, um wichtig zu sein, vielleicht sind sie angesichts unserer kurzen Zeitspannen zu vergänglich, um bedeutend zu sein. Wenn das, was wir tun, Teil eines wirklich außermenschlichen, vielleicht göttlichen Planes ist, dann – so behaupten einige – können unsere vergänglichen Leben wirklich bedeutend sein. Vielleicht sind wir so verdammt, wie wir dachten. Was zählt, ist allein die außen stehende Kraft. Ohne sie, so die Behauptung, ist menschliches Leben bedeutungslos.

Die durch Vonneguts Buch ans Licht gebrachte Problematik ist, dass ein Leben eine vollkommen objektive Bestimmung haben kann, sogar eine von einer außen stehenden Kraft abgesicherte Bestimmung, es aber dennoch erstaunlich bedeutungslos bleibt. In Vonneguts Geschichte hat jedes menschliche Leben eine Bestimmung, die von einer fremden, vielleicht unsterblichen, objektiven äußeren Kraft gesichert wird, aber diese Bestimmung ist erschreckend. Jeder, der jemals lebte, spielte lediglich einen Part in dem Plan, ein kleines Metallstück zu liefern, um ein Raumschiff zu reparieren, mit dem seine Besitzer eine nichtssagende Botschaft überbringen. Alles in der Erdgeschichte hat einen Zweck – all die kleinen Lieben und Einbußen ebenso wie all die großen Errungenschaften der Menschen –, aber es ist schwer denkbar, dass ein tieferer Sinn in einem dieser Menschenleben steckt.

Wenn Sie mich fragen, lautet die Moral von der Geschichte: Wenn menschliches Leben einen Sinn haben soll, dann müssen wir diesen akzeptieren oder aber etwas anderes glauben. Wir müssen sehen, worauf es ankommt: Entweder wir akzeptieren den Sinn für uns, oder es gibt überhaupt nichts, worauf es ankommt; objektive Bestimmung hin oder her.

Erinnern Sie sich noch einmal an die Behauptungen bezüglich des Ursprungs der Moral. Jeder verkündet als Schlussfolgerung auf der Basis einer Geschichte über den Ursprung von Moral, dass wir keine angemessenen Gründe für unsere moralischen Überzeugungen haben können. Vielleicht stehen moralische Überzeugungen jenseits von Begründungen, gleichsam als soziale Kunstprodukte, die nur von den Bedürfnissen unserer jeweiligen sozialen Gruppe abhängig sind. Oder vielleicht stehen moralische Überzeugungen jenseits von Begründungen als kodifizierter Wille der Starken. Falls Sie mögen, denken Sie noch einmal über Gene nach.

Wenn wir unsere Überzeugungen auf spontane Reaktionen reduzieren, sozial oder evolutionär bedingte Antworten auf die Launen des Lebens, dann bleiben sie als soziale Kunstprodukte bestehen, als Ausdruck des Willens der Starken oder sogar des „Willens" unserer Gene. Sie bleiben blass und schal; es ist so schwer, in ihnen eine Bedeutung oder einen Wert zu finden wie in einem der von Vonnegut beschriebenen Menschenleben. Welchen Ursprung auch immer unsere Überzeugungen haben – solange wir eben keine Gründe für sie haben und uns diese Gründe zu eigenen machen, enden wir ohne Moral.

Foot nennt das, worum es geht, „Moral, wie sie leibt und lebt", wegen der Gründe, die wir für unsere Überzeugungen von richtig und falsch geben und akzeptieren. Wenn wir nicht an Gründe für unsere moralischen Überzeugungen glauben, ist es schwer vorstellbar, wie sie für uns eine Bedeutung haben können – ähnlich wie bei den sinnlos lebenden Menschen in Vonneguts Buch. Es ist die Moralphilosophie, also die Begründung mit Argumenten, die das Verhalten von bloßem Instinkt und reinen Reizreaktionen abheben kann und die daraus eine gute Tat macht – also ein lobenswertes menschliches Handeln. Wenn Moral für uns wichtig sein soll, dann müssen wir Gründe für unsere moralischen Überzeugungen finden, wo auch immer sie ursprünglich herstammen. Wir müssen sie durchdenken oder sie bleiben ein Nichts. Wenn wir sie denn durchdacht haben, kommt es darauf an, auch nach ihnen zu leben und sie zu befolgen. Ansonsten sind wir vielleicht ebenfalls ein Nichts – oder zumindest sehr viel weniger, als wir sein könnten. Hier zeigt sich eine Hoffnung bezüglich der Ethik und unseres Handelns, besonders in Bezug auf unsere Entscheidung, etwas gegen den Klimawandel zu tun. Vielleicht sehen Sie bereits die eine oder andere Schlussfolgerung aufkommen, aber damit sind wir schon einen Schritt voraus.

Vielleicht ist Ihnen all das auch zu hochgestochen. Ich gebe zu, dass es skizzenhaft und vielleicht ein bisschen knapp ist, aber ich habe das Gefühl, dass zumindest einiges davon wahr ist. Ich kann mir auch keinen besseren Weg vorstellen, über die Verbindung zwischen Klimawandel, Ethik und Handeln nachzudenken. Mir ist durchaus bewusst, dass nichts von alldem viel dazu beiträgt, eingefleischte Skeptiker zu überzeugen, die sich auf stur stellen und behaupten, dass der eben beschriebene Gedankengang nur funktioniert, „wenn Moral für uns wichtig sein soll". Vielleicht wird oder kann das niemals so sein. Aber wenn Sie durch die ambitionierten Reden verlockt sind, wenn Sie meinen, dass Moral irgendwo etwas bewirken kann, dann können Sie vielleicht sehen, warum nicht nur in diesen Überlegungen ein Verdienst steckt, sondern auch in dem Klaps auf die Stirn, gefolgt von der verärgerten Rüge: „Sie sind doch nicht etwa davon überzeugt, bloß weil ihre Eltern davon überzeugt waren?" Moralische Überzeugungen zu haben und sich nie um die Gründe dafür zu kümmern, nie Begründungen zu suchen, nie zu denken, sondern bloß anzunehmen, lässt einen mit weniger als einer echten moralischen Anschauung zurück, eher der Sinnlosigkeit nahe – etwas nicht gerade Menschlichem.

Wenn man moralische Begründungen hat und daran scheitert, entsprechend zu handeln, ist das wahrscheinlich schlimmer als Sinnlosigkeit. Vielleicht ist es Boshaftigkeit oder Leichtfertigkeit. Bedauerlicherweise müssen wir genau darauf im vierten Kapitel zurückkommen.

Vom Begründen moralischer Überzeugungen

Wie lassen sich moralische Überzeugungen begründen? Wie funktioniert das tatsächlich? Es wird manchmal behauptet, dass jeder ein Recht auf seine Ansichten hat, insbesondere Ansichten über richtig und falsch. Natürlich ist das richtig, so weit wie es reicht, aber recht eben nicht sehr weit. Was macht man mit jemandem, der meint, es sei moralisch vertretbar, unschuldige Menschen zu töten? Sie hätten Schwierigkeiten, mich davon zu überzeugen, dass dies eine berechtigte Ansicht ist. Es gibt eben einen Unterschied zwischen tolerieren und alles einfach nur laufen zu lassen.

Vielleicht teilen Sie meine Ansicht über das Töten unschuldiger Menschen. Nehmen Sie sich einen Moment Zeit, darüber nachzudenken, wie sie begründet wird, denn es gibt sicherlich Gründe für diese Ansicht. Man könnte sagen, dass gerade unschuldige Menschen kein Leid und noch weniger den Tod verdienen. Vielleicht beruht dieser Gedanke teilweise auf einer versteckten Sichtweise, einer verborgenen Behauptung, dass manche Menschen es verdient haben, aber lassen wir das beiseite. Was hat es mit der Unschuld auf sich, die zu der Schlussfolgerung führt, dass unschuldige Menschen kein Leid verdienen?

Sie meinen vielleicht, dass es mit Gerechtigkeit zu tun hat, dass es ungerecht ist, Unschuldigen Leid zuzufügen. Sie können hier aufhören – das kann genug für Sie sein – oder Sie können nachhaken. Sie können sich auf den Gerechtigkeits-Gedanken stützen und fragen, was gerecht ist. Wenn Sie sich anstrengen, kann dabei eine regelrechte Theorie von Gerechtigkeit herauskommen: Falls keine moralisch relevanten Erwägungen dazwischenkommen, bedeutet Gerechtigkeit, dass Nutzen und Lasten unter den Menschen gleichmäßig verteilt sein sollten. Wenn alles gleich bleibt, gibt es nichts moralisch Relevantes bei einem Unschuldigen, für das er Sonderlasten oder gar den Tod verdient hätte. So betrachtet, ist das Töten einer unschuldigen Person sicherlich falsch.

Vielleicht sehen Sie schon, was ich hier im Schilde führe. Der obige Probedurchlauf ist nur ein Beispiel für die Begründung moralischer Überzeugungen, wie wir sie ziemlich selbstverständlich durchführen. Zweifellos wissen Sie alle schon einiges über diese Art der Begründung, aber es lohnt sich, dieses Wissen noch ein bisschen zu vertiefen.

Wir verknüpfen Gründe normalerweise in umgekehrter Richtung, wenn wir versuchen, eine eigene moralische Überzeugung zu durchdenken oder zu begründen. Gelegentlich scheinen wir auf ein Fundament zu treffen, wo wir etwas einfach so hinnehmen. Vielleicht ist es für Sie die Behauptung, dass es ungerecht ist, den Unschuldigen Leid zuzufügen. Oder Sie wollen mehr Klarheit über die sogenannte Gerechtigkeit, um die übrigen Behauptungen zu untermauern. Bei Bedarf können Sie die ganze Angelegenheit ja ein bisschen auseinanderpflücken. Die ursprüngliche Behauptung „Unschuldige Menschen zu töten ist falsch" wurde nämlich nicht ganz ausgebreitet. Was ist Unschuld? Inwiefern spielt sie eine Rolle, wenn es zur Tötung kommt? Einer der ersten auftauchenden Gedanken galt der Gerechtigkeit, und falls dieser Gedanke nicht genug war, lassen sich leicht weitere Vorstellungen zu Gerechtigkeit und Unschuld beitragen. Nun schienen die Verbindungen der Gedanken über richtig, falsch, Unschuld und Töten unkompliziert zu sein, ganz wie man es gerne hat.

All dies ist hinreichend klar, vielleicht so klar, dass es überflüssig ist, Ihre Aufmerksamkeit darauf zu lenken. Gerade das Offensichtliche an solchen Gedanken ist aber das, worauf es ankommt. Wir rechtfertigen moralische Überzeugungen die ganze Zeit mit Gründen wie diesen. Nicht so klar ist die Beschaffenheit des erwähnten Fundaments.

Unsere Sorgen schienen verflogen, als wir unser Denken durch Reflexion über Gerechtigkeit festigten. Es gibt mehr interessante Fragen, Sie können sich mit dem Fundament beschäftigen, mit Überzeugungen, von denen manche meinen, sie seien endgültig und grundlegend – gedankliche Bereiche, wo das Fragen einfach aufhört. Manchmal hören zwei Disputanten im Kern einer moralischen Debatte einfach auf, wenn es plötzlich eine Übereinkunft gibt – vielleicht stimmen sie in etwas überein, was beiden grundlegend zu sein scheint. Bei anderen Gelegenheiten geht die Debatte weiter und die Mutmaßungen dauern so lange an, wie die beiden Parteien es aushalten können. Bei allem, was zu den Grundlagen einer moralischen Überzeugung gehört, kann man fragen: „Gut, und wodurch wird das gerechtfertigt?" Welche Antwort auch immer kommt, es kann wiederum gefragt werden: „Gut, und wodurch wird das gerechtfertigt?"

Wenn Ihre geistige Verfassung meiner ähnelt, zweifeln Sie vielleicht an den sogenannten Grundlagen. Ich denke auch, dass man sich auf Reden von Gerechtigkeit stützen kann, wenn man diese Unterstützung braucht – möglicherweise finden Sie darunter noch weitere Vorstellungen. Ich habe den Eindruck, dass Sie bei der Suche nach einer moralischen Begründung so tief gehen können, wie Sie möchten oder meinen, gehen zu müssen, bis sich Ihnen nicht mehr die Frage nach einer Begründung aufdrängt. Einige ziehen aus diesem Gedanken die Schlussfolgerung, dass die Moralphilosophie keine Grundlagen hat und daher unsere moralischen Überzeugungen irgendwie ungestützt sind. Andere sehen darin Reichtum – eine Art Tiefe. Sie können die Luft anhalten und nach tief reichenden Begründungen suchen; Sie haben eine Chance, dort weitere Anregungen zu finden. Letzten Endes jedoch werden Sie zum Luftholen auftauchen – Sie werden auf Erden handeln müssen. Sie werden dies tun müssen, ob Sie nun bis zum Grund gelangt sind oder nicht.

Moralphilosophie umfasst diese Arten der Begründung, grundlegende und nicht grundlegende, und noch ein bisschen mehr. Was mit ein bisschen mehr gemeint ist, wird klarer, wenn Sie an etwas anderes denken als nur daran, Ihre eigenen moralischen Überzeugungen zu begründen. Denken Sie an eine Meinungsverschiedenheit über moralische Fragen.

Ein Großteil des Protestes in moralischen Angelegenheiten besteht darin, Widersprüche im Denken des Gegners aufzuzeigen. Moral, was auch immer sie sonst noch ist, beharrt auf menschlicher Beständigkeit. Nehmen Sie an, zwei Personen diskutieren über die Todesstrafe und über Abtreibung. Einer ist für die Todesstrafe und gegen Abtreibung, der andere gegen die Todesstrafe und für die Wahlfreiheit bei Abtreibungen. Man kann hören, wie die Diskussion beginnt: „Wie kannst du für Wahlfreiheit, aber gegen die Todesstrafe sein? Warum ist es in Ordnung, Babys zu töten, aber falsch, Mörder zu töten?“ Diese Frage ist angemessen, gerade weil es einen erheblichen Widerspruch zu geben scheint, an der Behauptung festzuhalten, dass es akzeptabel sei, Babys zu töten, und der Behauptung, es sei falsch, Mörder zu töten. Wenn beides Arten zu töten sind, und eine Art zu töten ist falsch – ist dann nicht die logische Konsequenz, dass die andere Art ebenfalls falsch ist?

Sie können die Antwort sicher ahnen, und vielleicht lässt sich der Widerspruch auflösen, indem man über das spricht, was einen Menschen ausmacht – möglicherweise ist es der Grundsatz, dass ein Fötus, zumindest in den ersten Stadien, kein Mensch ist, der Mörder aber schon. Man könnte behaupten, es sei falsch zu töten, wobei die Todesstrafe eine Art des Tötens sei, eine Abtreibung aber nicht. Es gäbe niemanden, der getötet werden könne – keinen Menschen, nur ein paar Zellen.

Vielleicht geht die Diskussion noch weiter. Die Person, die für die Wahlfreiheit bei Abtreibungen und gegen die Todesstrafe ist, könnte ein Gegenargument anbieten, das in einer anderen Widersprüchlichkeit wurzelt. „Welchen Sinn macht es zu denken, dass Mord, also ein Leben zu nehmen, so schrecklich ist, dass die einzige Antwort darauf ist, das Leben zu nehmen? Wo ist hier die Logik?“ Diese Zeilen legen eine weitere Widersprüchlichkeit zur Begründung der Todesstrafe offen: Mörder sollen getötet werden, da es falsch ist, jemandem das Leben zu nehmen. Doch wenn es falsch ist, jemandem das Leben zu nehmen, und die Todesstrafe bedeutet, jemandem das Leben zu nehmen, dann ist auch die Todesstrafe falsch, oder?

Die Antwort darauf hat vielleicht etwas damit zu tun, die Widersprüchlichkeit durch ein Gespräch über das Verdienen von Strafe zu entkräften. Manche Tötungen sind statthaft, wenn sie verdientermaßen erfolgen. Das Opfer eines Mörders verdiente seinen Tod nicht, aber ein Mörder verdient ihn sicherlich. Vielleicht wird diese Argumentation mit weiteren Behauptungen über Gerechtigkeit und Strafe untermauert.

Sie haben Diskussionen wie diese gehört und waren vielleicht selbst darin verwickelt. Beachten Sie, dass die obigen Zeilen überwiegend Meinungsverschiedenheiten beinhalten, die sich mit moralischen Fragen befassen und nicht mit Fakten. Der Streit geht um Prinzipien und ihre Anwendung, nicht um Tatsachen. Manchmal gibt es eine Überschneidung, und was wie eine Meinungsverschiedenheit über moralische Fragen aussieht, kann durch einen Hinweis auf die Fakten beigelegt werden. Wenn ich im Begriff bin, einen Knopf zu drücken, der einen Wohnblock zerstört, und jemand taucht auf, um mich aufzuhalten, nennt mich ein Monster, weil ich Häuser zerstöre und Menschen töte, kann ich vielleicht darauf hinweisen, dass er von falschen Tatsachen ausgeht. Vielleicht lebt in den Gebäuden niemand mehr. Angesichts dieser Fakten gibt es auch überhaupt kein moralisches Problem mehr.

Manchmal führt der Hinweis auf Fakten in die Irre, denn die Meinungsverschiedenheit ist tatsächlich moralischer Natur. Nehmen wir an, ich sage, wir sollten in den Krieg ziehen – ein in der Nähe liegendes Land hat ein Nachbarland unberechtigterweise annektiert und wir sollten unserem Nachbarn zu Hilfe kommen. Sie können anderer Meinung sein, aber wenn die von Ihnen gelieferte Begründung auf Tatsachen beruht, sagen wir beispielsweise, dass so ein Krieg teuer sein würde, so dürfte ich mit Recht unbeeindruckt bleiben. Manchmal triumphiert die Moral über die Fakten und manchmal sind die Fakten einfach irrelevant.

Anhand dieser Beispiele können Sie wahrscheinlich bereits die Bedeutung der Konsequenz in unserem Denken über richtig und falsch erkennen. Allgemein verstanden ist sie keine Besonderheit der Moralphilosophie; sondern grundlegend für die Praxis der Philosophie selbst. Sie können sie als logische Konsequenz sehen oder als bewussten Versuch, Widersprüche zu vermeiden. Sicherlich geht es darum, Widersprüche in den Begründungen, die wir angeben, zu vermeiden. Moralphilosophie ist, wie jede Philosophie, auf Kontinuität in diesem Sinne angewiesen, aber sie erfordert etwas Konkreteres: und zwar die prinzipielle Widerspruchsfreiheit. Wenn ich denke, ich habe jemandem gegenüber unter bestimmten Umständen bestimmte Pflichten oder Verpflichtungen, dann erfordert die Konsequenz, wenn sich ansonsten nichts verändert, dass ich genau dieselben Pflichten und Verpflichtungen gegenüber anderen Menschen in ähnlichen Umständen habe. Wenn ich meine, ich verdiene eine bestimmte Behandlung, dann verdienen andere in meiner Situation diese ebenso.

Moral ist durchwoben mit Erfordernissen von Stetigkeit, die vielleicht dem moralischen Denken einfach immanent ist. Deshalb klingt „Alle Menschen sind gleich an Rechten“ wahr, aber „Alle Tiere sind gleich, aber einige sind gleicher als andere“ nicht vernünftig. Ein kurzer Schwenk auf zwei der wichtigsten Moraltheorien der neueren Philosophiegeschichte mag helfen und nebenbei dazu beitragen, die Natur der Moralphilosophie selbst in den Griff zu bekommen. Wir werden auf beides noch zurückkommen.

Konsistente Gedankenführung, Moraltheorien, Intuitionen

Utilitarismus heißt, dass die Frage, ob eine Handlung moralisch richtig oder falsch ist, von nichts anderem abhängt als von den Konsequenzen dieser Handlung; in den meisten bekannten Lesarten werden diese Konsequenzen als menschliches Glück gemessen. Der vielleicht erste ernsthafte Verteidiger dieser Sichtweise ist Jeremy Bentham. An ihn erinnert man sich als einen der ersten Philosophen, der die Rationalität – im Gegensatz zum bloßen Vorurteil und der Berufung auf Gott – in den Mittelpunkt von Moral und Gesetzgebung stellte. Er tat dies mit einem einzigen Prinzip: dem Prinzip der Nützlichkeit oder dem Prinzip des größtmöglichen Glücks.

Er sagt klar, was er damit meint: Das Prinzip des größtmöglichen Glücks „billigt oder missbilligt jede wie auch immer geartete Handlung, entsprechend der Neigung, die sie zu haben scheint, das Glück der Person, deren Interessen betroffen sind, zu erhöhen oder zu verringern".[27] Das Prinzip und die Konzeption von Glück, auf der es beruht, basiert auf einer Besonderheit der menschlichen Natur: Menschliche Wesen, so Bentham, werden von zwei Vorstellungen beherrscht: Freude und Leiden. Die Erhöhung des individuellen Glücks ist nichts anderes, als den Saldo von Freude gegenüber Leiden in seinem Leben zu erhöhen. Die Erhöhung menschlichen Glücks in einer Gesellschaft ist daher eine Sache der Erhöhung des allgemeinen Saldos der Freude gegenüber dem Leiden für jedermann. Moral fällt dabei schnell unter den Tisch. Jede Handlung, die dem Nützlichkeitsprinzip entspricht – also den Gesamtsaldo von Freude gegenüber Leid erhöht –, ist in Ordnung, denn sie ist moralisch richtig.

Für uns zu beachten ist Benthams Beharren auf Stetigkeit: Jedermanns Leid und Freude ist gleich wichtig. Wenn Sie wissen wollen, ob Ihre Handlung richtig oder falsch ist, ist es nutzlos, sich nur über Ihre Freude oder die Freude, die Ihre Freunde oder Familie haben werden, Gedanken zu machen. Umgekehrt ist es nutzlos, das Leid anderer Menschen zu ignorieren, die ansonsten für Sie unwichtig sind. Wenn Freude und Leid überhaupt zählen, dann zählt jedermanns Freude und Leid gleich.

Eine zweite Moraltheorie, die richtigerweise zumindest ebenso viel Aufmerksamkeit wie der Utilitarismus erhält, ist Kants Vorstellung von richtig und falsch. Für Kant ist richtiges Handeln keine Frage der Konsequenzen einer Handlung, zum Teil deshalb, weil die Möglichkeit besteht, dass die Konsequenzen außerhalb der Kontrolle des Handelnden liegen. Kant dachte, dass Moral eine Sache der Pflicht sei, im Gegensatz zu etwas Dienlichem, sodass Konsequenzen in unseren Überlegungen nicht direkt erscheinen sollten. Man tut das Richtige, weil es richtig ist, und nicht weil man etwas im Austausch für das Handeln erhält. Moral kann daher nicht hypothetischer Natur sein, behauptet Kant, es gibt sie nicht in der Form: „Wenn du dies oder jenes möchtest, dann tu dies oder jenes." Stattdessen müssen ihre Vorschriften kategorisch sein in der Form „tu dies" oder „tu das nicht". Kant bietet folgende Formulierung seines sogenannten „Kategorischen Imperativs" an, die Grundlage seiner Moral schlechthin: „Handle nur nach derjenigen Maxime, von der du zugleich wollen kannst, dass sie ein allgemeines Gesetz werde."

Kant gibt ein Beispiel zur Veranschaulichung. Angenommen, die Miete ist fällig und Ihnen ist das Geld ausgegangen. Sie sprechen einen Freund wegen eines Darlehens an und er ist einverstanden, sofern Sie ihm versprechen, das Geld bis nächste Woche zurückzuzahlen. Sie wissen, dass es keine Chance gibt, genug Geld zu bekommen, um den Kredit fristgemäß zurückzuzahlen. Vielleicht werden Sie niemals in der Lage sein, es zurückzuzahlen, aber Sie denken darüber nach, das falsche Versprechen dennoch abzugeben.

Kant behauptet, Handlungen werden unter Maximen oder Regeln ausgeführt, und die Regel, die Sie erwägen, ist diese: „Wenn ich meine, Geld zu brauchen, werde ich es mir leihen und versprechen, es zurückzuzahlen, obwohl ich weiß, dass ich das niemals kann." Für unsere Belange besonders interessant ist dabei, dass Kant diese Maxime auf ihre Verallgemeinerungsfähigkeit testet. Wenn Sie wissen möchten, ob etwas, das Sie in Erwägung ziehen, richtig oder falsch ist, stellen Sie sich vor, dass Ihre Maxime so etwas wie ein universelles Naturgesetz wäre, das automatisch von jedem angewendet würde. Wäre die derart erzeugte Ordnung schlüssig oder würde sie sich selbst widersprechen?

Wenn die Welt, die sich daraus ergibt, in sich stimmig ist, besteht keine Gefahr, dass Sie das Falsche tun, aber wenn diese Welt auf irgendeine Art aufhört zu funktionieren, dann wird das moralische Gesetz verletzt. Denken Sie einmal in diese Richtung: Wenn jeder falsche Versprechen abgibt, dann wird das Abgeben von Versprechen selbst unmöglich. Wer wird dann einem Versprechen glauben? Die Maxime, die Sie in Erwägung ziehen, führt zu einem Selbstwiderspruch – gerade die Abgabe eines Versprechens würde es selbst aushöhlen – und sie steht daher nicht in Einklang mit dem Kategorischen Imperativ. Daher sollten Sie es nicht tun. Für Kant geht alles um die Möglichkeit der stimmigen Anwendung moralischer Prinzipien.

Bevor Sie am Ende die Schlussfolgerung ziehen, dass Moralphilosophie nichts weiter ist als die stimmige Anwendung irgendwelcher hehrer Prinzipien, lohnt sich der Hinweis, dass es noch andere Vorstellungen von Moral gibt. Es gibt nicht nur Bentham und Kant. Es kann außerdem helfen, über die Rolle von Emotion und Intuition im moralischen Denken zu reflektieren. Beide haben eine lange Tradition. Wenn wir versuchen, Begründungen für unsere moralischen Überzeugungen auszuarbeiten, eine Meinungsverschiedenheit hinsichtlich moralischer Fragen haben oder uns an moralischem Theoretisieren in Vollendung beteiligen, spielen Emotionen eine gewisse Rolle. Hume argumentiert, dass Anteilnahme, also unsere Fähigkeit, die Freude und das Leid anderer zu teilen, jeden Einzelnen von uns bewegt. Während uns die Vernunft helfen kann, Tatsachen in den Griff zu bekommen, also die Konsequenzen unserer Handlungen, ist es letztlich das Gefühl, das uns zu Schlussfolgerungen über richtig und falsch führt. Die Vernunft kann unsere Handlungen leiten, aber nur Gefühle können uns einen Anstoß geben, eher auf die eine als auf die andere Weise zu handeln. Letztlich können uns nur Emotionen im Urteil leiten, ob ein Mensch richtig oder falsch handelt, oder dabei, selbst für etwas Richtiges tätig zu werden. Wir werden auf Hume zurückkommen, wenn wir uns über eine bestimmte Eigenschaft von Problemen Gedanken machen, die mit dem Klimawandel zusammenhängen, aber jetzt können wir einfach bei dem Gedanken innehalten, dass Emotionen bei moralischen Überlegungen eine wichtige Rolle spielen können und dies auch tun.

Intuitionen sind nicht weniger wichtig, aber sehr viel schwerer festzunageln. Einige Philosophen bemühen sich um etwas, das in diesem Zusammenhang ein wenig zu schick ist, etwas, das zu gut ist, um wahr zu sein, nämlich eine Fähigkeit in uns, die wir nutzen können, um moralische Wahrheiten intuitiv zu erkennen oder einfach „zu sehen". Moralische Intuition, so wird behauptet, kann uns sagen, ob eine Handlung richtig oder falsch ist, ebenso wie das Sehvermögen uns mitteilt, ob ein Paar Wildlederschuhe blau ist. Aber Sie müssen daran nicht glauben, um vernünftig über moralische Intuition sprechen zu können. Sie können sie als Antwort oder Reaktion auf Tatsachen betrachten, jedenfalls als etwas weniger Erhabenes als eine Fähigkeit. In diesem Sinne sind moralische Intuitionen beim Durchdenken von Moralphilosophie geradezu unabdingbare Bestandteile.

Philosophen nutzen gedankliche Experimente, und Moralphilosophen sind hier keine Ausnahme. Bei einem gedanklichen Experiment können Sie an eine Art philosophisches Reagenzglas denken. Ebenso wie ein Reagenzglas einen Chemiker in die Lage versetzt, den Rest der Welt von dem zu trennen, was ihn eigentlich interessiert, kann uns ein gedankliches Experiment zwingen, unsere Aufmerksamkeit auf ein bestimmtes Konzept oder ein Prinzip oder Ähnliches zu richten. Mit einem richtigen Reagenzglas kann man ein Experiment zu dem Thema durchführen, das einen wirklich interessiert, und zu nichts anderem. Mit einem gedanklichen Experiment kann man Ablenkungen abhalten und sich selbst zwingen, zu überlegen, was am wichtigsten ist. Die Intuitionen oder Antworten, die Sie durch gedankliche Experimente erhalten, können Ihnen etwas darüber sagen, wie Ihre Gedanken zueinander passen, wie Sie wirklich über eine Sache denken. Ein gedankliches Experiment zur Stetigkeit. Wir werden darauf noch eingehen.

Umweltethik

Es gibt noch eine bedenkenswerte Form der Stetigkeit, nämlich diejenige, die die Grundlage zumindest einiger Spielarten der Umweltethik bildet. Wie wir gesehen haben, hängt ein Großteil ethischer Theorien von der Sorge um andere ab. Falls Sie sich fragen, warum andere Menschen so wichtig sind, gibt es darauf viele Antworten. Probieren Sie einfach mal diese: Schmerz zu verursachen ist falsch; Menschen als Mittel zum Zweck zu benutzen ist falsch; die Interessen anderer zu missachten ist falsch. All diese Gedanken tauchen regelmäßig in moralischen Betrachtungen auf. Beständiges Festhalten verlangt jedoch für vergleichbare Fälle, dass Sie Ihre Moral auch auf Tiere anwenden. Viele Lebewesen können Schmerz fühlen, und wenn es falsch ist, Schmerz zu verursachen, dann muss es auch falsch sein, ihnen Schmerz zu verursachen. Wenn es für mich falsch ist, meine Mitmenschen als Mittel für meine Ziele einzusetzen – wenn ich andere Menschen nicht benutzen sollte, um meinen Willen zu bekommen –, dann muss es auch falsch sein, meine Mitkreaturen einfach als Mittel, sagen wir für einen neuen Pelzmantel, zu benutzen. Wenn wir richtigerweise sagen, dass die Interessen, Ziele und Wünsche anderer Menschen unser moralisches Denken beeinflussen sollten, und wenn Tiere Interessen haben, dann sollten wir diese Interessen ebenfalls bedenken. Tiere können ihre Interessen nicht in Worte fassen, aber auch die Lebewesen da draußen streben alle etwas an – sie jagen und verstecken sich, paaren sich, bauen Nester, haben Junge und so weiter. Sie haben also in gewissem Sinne Interessen, und dieser Sinn ist nicht sehr weit von dem entfernt, wenn ich sage: Ich habe Interessen. Warum sollten meine Interessen zählen und ihre nicht?

Das Fazit ist grob gesagt, dass es nicht einfach ist, einen moralischen Unterschied zwischen uns und ihnen zu machen, wo wir doch beide lediglich verschiedene Arten von Tieren sind. Manche behaupten eventuell, dass das einfach unmöglich ist. Wenn Sie einige Unterschiede im Kopf haben – etwas über die Bedeutung Ihres Menschseins oder über Ihr geistiges Potenzial oder über Ihre Fähigkeit, einige Dinge zu genießen und andere nicht –, seien Sie vorsichtig, dass Sie nicht an der eigentlichen Frage vorbeigehen, indem Sie das, was infrage steht, voraussetzen. Vielleicht ist der Unterschied, auf den Sie gesetzt haben, wirklich Ausdruck eines Gattungsvorurteils, ein wenig menschlicher Chauvinismus, zumindest kann es so wirken. Warum sollten Ihre geistigen Fähigkeiten moralisch einen Unterschied ausmachen, also mehr zählen als die Eigenschaften, die für irgendein Tier bezeichnend sind?

Nicht alle Theorien zur Umweltethik greifen diese Gedanken auf. Wahrscheinlich ist diese Sicht der Dinge sogar fast überholt, aber sie hilft uns, gemäß ökologischen Werten zu denken. Das Abstecken von Grenzen macht einen Großteil der Umweltethik aus, die in hohem Maße damit beschäftigt ist, unsere Vorstellung von Werten oder zumindest die Anzahl der Dinge, die wir wertschätzen, auszuweiten. Einige Umweltschützer betonen dies, indem sie auf den sich seit geraumer Zeit ausdehnenden Einflussbereich der Moral verweisen. Menschen ohne Landbesitz, Sklaven, Frauen, Ausländer, psychisch Kranke, Körperbehinderte und andere standen außerhalb der sittlichen Gemeinschaft; aber seitdem wir die Natur von richtig und falsch besser kennen, definieren wir die Gesellschaft neu und integrieren mehr Menschen. Der obige Gedankengang könnte Sie zu der Schlussfolgerung leiten, dass Tiere ebenfalls dazugehören sollten, dass sie in die sittliche Gemeinschaft eingefügt werden sollten. Allerdings erheben viele Intellektuelle unserer Breiten Einwände gegen diese Art der Konsequenz und behaupten, dass die bloße Ähnlichkeit zum Menschen keine Grundlage für eine bedeutende Umweltethik sein könne. Diese Zusammenhänge können uns auf Trab halten, aber das Resultat sieht vollkommen anders aus. Wir benötigen neue Wertvorstellungen, die zwar von den alten menschlichen Grundstrukturen ausgehen, aber diese wohl weit hinter sich lassen werden. Der Aufbau der alten Grundstrukturen ist durch die Sichtweise vom Menschen als Maß aller Dinge geprägt – wir bringen der Welt irgendwie auch Werte.

Es gibt zwei Arten von Werten: intrinsische und dienliche, die beide mit uns zu tun haben. Manche Dinge auf der Erde sind von dienlichem Wert, das bedeutet, dass sie gute Mittel, gute Instrumente sind. Sie nützen uns bei unseren Anstrengungen, etwas zu beschaffen, was wir wirklich wollen. Andere Dinge haben einen intrinsischen Wert, also einen Wert, der in ihnen selbst liegt. So gesehen bringen wir der Welt auch Werte, entweder indem wir Dinge als Mittel zum Zweck schätzen oder indem wir urteilen, dass andere Dinge aus sich selbst heraus wertvoll sind. Ein Schinkenbrot kann von dienlichem Wert sein, indem es etwas anderes von Wert sicherstellt, nämlich das Vergnügen eines vollen Magens. Ein Konzert von Bach kann aus sich selbst heraus einen Wert haben. Sicherlich hat ein Menschenleben einen intrinsischen Wert. Wahrscheinlich haben Sie bemerkt, dass dies ein problematisches Beispiel ist: Ein Schinkenbrot ist aus einem Tier gemacht. Nach bekannter Vorstellung enden Tiere im Besonderen und Natur im Allgemeinen fast immer als dienlich. Bereits seit Aristoteles können Sie hören: „Die Natur hat alle Dinge eigens um des Menschen willen hervorgebracht."[28] Viele Religionen behaupten, dass irgendein Gott uns zuerst erschaffen habe. Danach erst habe er für uns die Tiere und den Rest der Erde erschaffen, damit wir sie nutzen können. Einige Denker haben versucht, intrinsische Werte in der Natur auszumachen, indem sie unsere Aufmerksamkeit auf die Schönheit eines Sonnenuntergangs oder die Größe eines Sturms lenken. Auch wenn in der Natur diese Art von intrinsischen Werten anerkannt wird, so ist sie noch immer auf uns bezogen.

Diese überkommene Sichtweise ist schwer zu erschüttern. Auch in modernen Zeiten haben Philosophen daran festgehalten. Descartes scheint gedacht zu haben, dass Tiere seelenlos seien oder zumindest nicht über das verfügten, was wir „Gemüt" nennen, sie seien unfähig, Freude oder Leid zu empfinden, vor allem, weil sie nicht sprechen können. Sie seien Maschinen oder Automaten. Kant selbst scheint zu zögern: Er argumentiert, dass Grausamkeit gegenüber Tieren falsch ist, nicht weil Tiere mehr als nur dienlichen Wert haben, sondern weil das Verprügeln eines Pferdes einen gefühllosen Charakter fördert und es dadurch wahrscheinlicher wird, dass man auch einen Menschen verprügelt.

Die Umweltethik ist erst in den 1960er und 70er Jahren in Gang gekommen, und obwohl sie immer das Zusammenspiel zwischen Mensch und Umwelt betrachtet hat, bestand für manche das Hauptziel darin, die Grenzen der anthropozentrischen Bewertung zu überschreiten und alte Sichtweisen abzuschütteln. Es gab zwei Versuche, dieses Ziel zu erreichen.

Zum einen haben Philosophen versucht, menschliche Werte auf andere Lebewesen auszudehnen, so zum Beispiel die Vertreter des utilitaristischen oder kantischen Denkens oder die Vertreter der Tugendethik.[29] Man kann zum Beispiel annehmen, dass Tiere ein Seelenleben haben, weswegen folglich ihr Leid bei unseren Anstrengungen, Freude zu maximieren und Leiden zu minimieren, durchaus eine Rolle spielen sollte. Zum anderen gab es den viel radikaleren Aufruf zu neuen Werten oder zur Würdigung neuer Dinge neben oder außer den Menschen.

Manche argumentieren für einen Biozentrismus, wonach jedes Lebewesen einen eigenen Nutzen hat und das Erreichen dieses Nutzens einen intrinsischen Wert darstellt.[30] Der Individualismus dieser Denkweise, so beeilen sich manche herauszustellen, ist ein weiteres Überbleibsel einer altmodischen humanistischen Ethik. Es sollten stattdessen komplette Arten, vielleicht die Biosphäre als solche, sogar der Planet als Ganzes als ein Ort von Werten angesehen werden.[31] Beachten Sie, dass dies mehr oder zumindest etwas anderes ist als der bloße Anspruch, dass diese Dinge für uns als dienliche Mittel bedeutsam sind. Es mag sogar über den Anspruch hinausgehen, dass diese Dinge in anderer vertrauter Weise für uns bedeutsam sind. Es besteht die Hoffnung, uns irgendwie vom Vergleichen abzubringen, uns vielleicht zu einer objektiveren, nicht nur menschlichen Bewertungsweise zu bewegen.

Für Manche sind diese abschließenden radikalen Gedanken einfach zu viel. Sie sind schwer zu schlucken, sogar für diejenigen, die Sympathie für die Forderungen vieler Umweltschutzkonzepte haben. Die Situation wird ein bisschen klarer, wenn Sie an die Art der Fragen denken, die wir stellen, wenn wir uns über die Beziehung zwischen Umweltbelangen und menschlichen Werten Gedanken machen. Wie Williams ausführt, ist es eine Sache, zu fragen, wessen Fragen dies sind, und eine andere, zu fragen, wessen Werte in den Antworten abgebildet werden.[32] Diese Fragen sind natürlich unsere menschlichen Fragen. Die Antworten werden also auch auf den Menschen bezogen sein müssen. Niemand außer uns ist in der Lage, Antworten zu geben. Für uns müssen die Antworten einen Sinn ergeben und das bedeutet zumindest, dass sie irgendwie zu menschlichen Werten in Bezug stehen müssen, zu Werten, die Teil unseres Lebens sind, Teil unseres Selbstverständnisses und Leitfaden unseres Handelns. Das heißt nicht, dass die Antworten nur menschliche Interessen vertreten müssen. Durch dieses leichtfertige Versprechen stolpern Sie jedoch in eine schwierige Frage: Wie können wir etwas bewerten, das außerhalb unserer Interessen liegt?

Offensichtlich kann ich etwas, das außerhalb meiner eigenen Interessen liegt, bewerten – manchmal erfordert dies die Moral. Aber kann ich etwas anderes als menschliche Interessen bewerten oder etwas, das außerhalb dieser Interessen liegt? Können wir aus unserer Haut? Es gibt eine menschliche Perspektive und es ist wohlbekannt, dass wir aus ihr nicht herauskönnen. Vielleicht gibt es Rufe nach einer neuen Ethik, die wir einfach nicht beherzigen können. Oder wir können nur anstreben, sie eines Tages zu beherzigen, vielleicht an ihrer Umsetzung arbeiten und auf Weisheit hoffen. Radikaler Umweltschutz kann auch im Gehirn des Unsichersten eine Saite berühren. Er kann eine Hoffnung wecken. Die menschliche Moral kann nicht einfach nur schlussfolgern, dass allein die Menschen wichtig sind.

Herauszuarbeiten, warum das eine Saite in uns berührt, diese Hoffnung irgendwie weiterzuverfolgen, andere Arten dessen, was wichtig ist, zu verstehen, all dies ist weitere Nachforschungen wert. Ich schlage vor, diese komplexen, aber wichtigen Fragen zu einem anderen Zeitpunkt abzuhandeln. Der Klimawandel wirft eben schon eine Reihe anspruchsvoller moralischer Fragen auf und einige davon sind oder erscheinen uns neu. Die radikalen Denker unter uns werden sagen, dass eine völlig neue Ethik für diese Fragen erforderlich ist. Vielleicht werden neue Werte benötigt; vielleicht müssen wir die sittliche Gemeinschaft neu definieren, um weit mehr als nur Tiere zu integrieren; möglicherweise müssen wir Ethik und Bewertungsmaßstäbe gleichermaßen überdenken. Vielleicht geht es aber auch einfacher: Vielleicht brauchen wir die bestehenden Werte lediglich zu verschieben oder in einem neuen Licht zu betrachten.

Jedenfalls gibt es genug Raum für all solche Gedanken. Es gibt Raum, um über neue Werte nachzudenken, und Raum für etwas, das mich am meisten interessiert: für Fragen zu uns und den Werten, die wir bereits haben. Wie wir im nächsten Kapitel sehen werden, erfordert es gerade ein neues Denken, um mit den Herausforderungen des Klimawandels umzugehen, aber vielleicht müssen wir nicht so weit gehen, dass wir brandneue Werte benötigen. Manche werden argumentieren, dass alte Denkweisen uns in diesen Schlamassel gebracht haben. Ich denke, dass wir trotzdem mit der Moralphilosophie, die wir haben, einiges beitragen können.

Wie wir in diesem Kapitel gesehen haben, sind die Werte größtenteils auf Beständigkeit gegründet, aber sie ist nicht alles, was gegeben sein muss. Die Prinzipien, auf die wir einen Blick geworfen haben – das Prinzip des größtmöglichen Glücks, Kants Prinzip der Verallgemeinerungsfähigkeit und andere, die mit Gerechtigkeit und Unschuld zu tun haben –, reichen nicht aus. Ich habe viel ausgelassen, vielleicht sogar wichtige Aspekte. Wir haben unsere Zeit mit etwas verbracht, das „normative Ethik“ heißt, einem Versuch, Standards oder Regeln aufzustellen, durch die über richtig und falsch entschieden werden kann, um das Handeln in die gewünschte Richtung zu lenken. Wir haben die Metaethik fast völlig ausgeklammert, nämlich den Versuch, die Bedeutung unserer normativen Sprache zu erarbeiten. Die Philosophie, besonders die neuere, hat eine Menge zur Metaethik zu sagen, aber das ist hier nicht unser Hauptanliegen. Andere bedeutende Themen haben wir ebenfalls außer Acht gelassen.

Wir haben jedenfalls genug, um anzufangen. So hoffe ich, dass Sie spätestens jetzt eine Vorstellung von dem Teil der Moralphilosophie haben, der sich mit Begründungen befasst, und ich hoffe auch, dass Sie zu der Ansicht gelangt sind, dass Begründungen nicht nur möglich, sondern auch wichtig sind. Ein Großteil dessen, was es heißt, ein Mensch zu sein, würde ohne sie einfach wegfallen. Sie sollten nun nachvollziehen können, wie die Begründung eines moralischen Anspruchs abläuft. Vielleicht verstehen Sie auch, warum das Handeln entsprechend den moralisch begründeten Überzeugungen ebenfalls wichtig ist. Schließlich wissen Sie wahrscheinlich auch genug über Umweltethik, um zu verstehen, inwiefern dieses Buch dort hineinpasst. Wir werden an der Stelle beginnen, an der jede praktische moralische Untersuchung ansetzen muss: Wir werden über die Verantwortung und den Klimawandel nachdenken.

Verantwortung

Keine Schneeflocke in einer Lawine fühlt sich jemals verantwortlich.
Voltaire

Legen wir einfach los. Nehmen wir an, ich schleiche in ein Antiquitätengeschäft, verliebe mich in eine herrliche Vase und stehle sie. Wenn Sie nur diese Information haben, kommen Sie sicher zu der augenblicklichen Schlussfolgerung, dass das, was ich getan habe, falsch war. Nehmen Sie nun an, ich betrete das Geschäft, gerate in einen Streit mit dem Geschäftsinhaber und zertrümmere die Vase, um ihn zu ärgern. Wieder werden Sie denken, dass das, was ich getan habe, falsch war. Stellen Sie sich nun vor, ich bin im selben Laden, aber dieses Mal bin ich ziemlich betrunken und torkle in die Vase, wobei sie auf dem Boden zerschellt. Es gibt hier definitiv etwas, das verkehrt läuft – vielleicht ist es nicht nur das Zerbrechen der Vase, das nun eher einem Unfall ähnelt, sondern relevant ist vor allem die Tatsache, dass ich mich bis zur Hilflosigkeit betrunken habe. Nehmen wir nun an, dass ich die Vase stehle, aber Sie finden heraus, dass ich das tue, weil ein Kunstsammler meine betagte Tante entführt hat und droht sie umzubringen, falls ich die Vase nicht liefere. Der Sammler handelt falsch, aber vielleicht lassen Sie mich in diesem Fall davonkommen. Oder nehmen wir an, ich zerbreche die Vase, aber Sie erfahren, dass ich gerade schreckliche Nachrichten erhalten habe und nicht ganz bei mir bin. Vielleicht habe ich gerade entdeckt, dass der Geschäftsinhaber niederträchtige Gerüchte über mich verbreitet hat, die mein Leben zerstört haben. Was wäre, wenn ich unmittelbar vor Betreten des Geschäfts einen Schlag auf den Kopf erhalten hätte und nun an einer Art von Gehirnverletzung litte, die mein unberechenbares Verhalten erklärt? Die Situation in diesen letzten Beispielen ist weniger klar, aber Sie wissen, wo Sie beim Nachdenken ansetzen müssen.

In all diesen Fällen wissen Sie, was wichtig ist und was nicht, wenn es um die moralische Bewertung der Handlung geht. Wenn Sie nicht gleich wissen, wer etwas verkehrt gemacht hat und warum, und schon gar nicht, was dagegen unternommen werden sollte, so wissen Sie doch, wo Sie nachsehen müssen, um Klarheit zu gewinnen.

Betrachten wir nun folgendes Beispiel. Setzen wir voraus, dass viele Millionen Menschen Elektrizität nutzen: zum Erwärmen und Kühlen ihrer Wohnungen, zum Fernsehen, um beim Licht der Nachttischlampe vor dem Einschlafen zu lesen, um morgens warm zu duschen und Toastbrot zu essen. Sie fahren zur Arbeit. Einmal im Jahre fliegen sie an den Strand für einen wohlverdienten Wochenendurlaub und vielleicht sind die Nahrungsmittel, die sie in der Strandbar verzehren, weiter gereist als sie selbst, auch wenn sie noch nie von *Food Miles* gehört haben. Fossile Brennstoffe werden zur Energiegewinnung verbrannt, die all diese Aktivitäten erst ermöglicht. Dies bringt Treibhausgase in die Atmosphäre, die zur Erwärmung des Planeten beitragen. Die Erwärmung lässt künftig den Meeresspiegel einige Tausend Kilometer entfernt von den Fernsehern und den Duschen ansteigen – über viele Jahre, vielleicht Jahrzehnte oder sogar Jahrhunderte. Das steigende Meer verunreinigt das Trinkwasser eines Küstenortes in China. Ernten verdorren, Tiere sterben und viele Menschen, die jetzt noch nicht geboren sind, werden verhungern.

Was ist für die moralische Bewertung dieses Falls wichtig und was nicht? Es gibt Leid, aber wessen Fehler ist das? Was sollte dagegen unternommen werden? Die Antworten sind nicht offensichtlich, zumindest nicht so offensichtlich wie in den Beispielen mit der Vase. Was also unterscheidet beide Fälle?

Jamieson behauptet, dass der Teil unseres Wertesystems, der hier scheitert, hauptsächlich mit Verantwortung zu tun hat.[33] Wir sind es gewohnt, über individuelle, schnell erkennbare Leiden nachzudenken, die sowohl räumlich als auch zeitlich gesehen direkt an Ort und Stelle geschehen. Es ist schwer für uns, wenn uns Fakten fehlen wie die zerbrochene Vase oder der Umstand, dass ich sie aus Boshaftigkeit zerbrochen habe. Ich bin verantwortlich für sage und schreibe genau eine Vase. Ich sollte gerügt und veranlasst werden, den Geschäftsinhaber zu entschädigen. Vielleicht sollte ich zudem ein bisschen mehr bezahlen, um mich davon abzuhalten, auch andere Geschäfte zu zerstören.

All dies ist hinreichend klar, aber das Problem mit dem Klimawandel ist, so argumentiert Jamieson, dass unsere üblichen Paradigmen unter dem Gewicht der komplexen Verflechtungen zusammenbrechen. Unsere Werte entstammen einer wenig technisierten, nicht vernetzten Welt der Fülle. Jetzt können scheinbar unschuldige Handlungen kumulativ zu Konsequenzen führen, die unsere Vorfahren nicht im Entferntesten geahnt haben. Handlungen – ebenso wie ihre Auswirkungen – sind zudem in Raum und

Zeit in verwirrender Weise verwischt. Jamieson stellt es so dar: „[...] niemand beabsichtigte die schlechten Auswirkungen oder verursachte sie oder war in der Lage sie vorherzusehen“[34]. Es gibt keinen Vandalen, der direkt vor der zerbrochenen Vase steht. Wen machen wir verantwortlich? Wer soll dafür bezahlen müssen? Als wir über die Vase nachdachten, kamen die Antworten fast sofort; nun weiß man kaum, wo man anfangen soll. Am besten nehmen wir uns die Vielschichtigkeit selbst vor.

Handelnde Kräfte in räumlicher und zeitlicher Vielschichtigkeit

Es ist evident, dass der Klimawandel Leid mit sich bringt. Wie wir im ersten Kapitel gesehen haben, ändert sich das Wettersystem mit der Erderwärmung. Wer darunter leidet, wird unterschiedlich verteilt sein: Einige Gegenden werden angenehmer zu bewohnen sein, andere dagegen mit neuen Wetterextremen konfrontiert. Meeresspiegel werden ansteigen, Häuser überfluten und Ernten zerstören. Anderswo wird Wassermangel drohen. Krankheiten werden sich in neue Gegenden ausbreiten. All dies führt sicherlich zu Konflikten. Viele Menschen werden sterben, entwurzelt oder auf andere Weise leiden. Ganze Arten von Tieren oder Pflanzen werden verschwinden. Möglicherweise werden ganze Ökosysteme zerstört. Es steht uns also sicherlich riesiges Leid bevor. Selbst wenn dies offensichtlich ist, liegt ein Großteil der ethischen Dimension des Klimawandels noch im Dunkeln.

Gardiner benannte drei Aspekte des Klimawandels, die das Nachdenken darüber für uns so schwer machen.[35] Es gibt zunächst globale Merkmale des Klimawandels: Die relevanten Ursachen und Auswirkungen sowie die wirkenden Kräfte, die dahinter stehen, sind räumlich über den Globus verstreut. Weiter gibt es generationenübergreifende Aspekte: Die relevanten Ursachen und Auswirkungen sowie die beteiligten handelnden Kräfte sind zeitlich zerstoben. Schließlich sind Überlegungen zu Problemen, die den Klimawandel behandeln, durch unsere theoretische Ungeschicklichkeit erschwert, die in der Kombination mit den räumlichen und zeitlichen Merkmalen des Klimawandels zu einer Art moralischer Verderbtheit führen kann. Beginnen wir mit den globalen Aspekten des Klimawandels und arbeiten wir uns stückweise durch.

Global betrachtet ist der Klimawandel ein räumliches Problem, wobei Ursachen und Auswirkungen, sonstige beeinflussende Kräfte und Institutionen daran mitwirken, die über den ganzen Planeten verteilt sind. Die Tatsache, dass viele verschiedene Menschen, Regierungen und Unternehmen unterschiedliche Dinge in den jeweiligen Ländern unternehmen, verschlimmert die Schwierigkeiten, den Klimawandel zu verstehen und etwas dagegen zu unternehmen. Es gibt niemanden, der mit einem roten Gesicht neben einer zerbrochenen Vase steht. Eine Maßnahme, die auf der einen Erdhälfte ergriffen wird, kann sich durchaus auch auf der anderen Hälfte auswirken. Eine spezielle Art der Landnutzung kann an anderer Stelle zu Überschwemmungen führen. Das in einer Region verbrannte Benzin verändert die Auswirkungen des El Niño vielleicht nur ein wenig, wodurch aber anderswo eine Dürre ausbricht. Das Klima, man muss es kaum erwähnen, ist etwas Globales.

Es gibt auch zeitliche Komplikationen, die zu – wie Gardiner es nennt – „generationenübergreifenden" Aspekten des Problems führen. Ursachen und Auswirkungen sind zeitlich ebenso wie räumlich nur unscharf zu fassen. Unter anderem bedeutet dies, dass es eine Weile dauert, bis sich unsere Handlungen spürbar auf das Klima auswirken. Wenn wir die Auswirkungen wahrnehmen – zum Beispiel hohe Anstiege der Meeresspiegel –, dann bedingt die Schwerfälligkeit des Klimasystems, dass es bereits zu spät ist, etwas dagegen zu unternehmen. Noch schlimmer ist angesichts der Frage, wie wir mit der moralischen Dimension des Klimawandels zurechtkommen, die Tatsache, dass sich die handelnden Kräfte mit der Zeit verwischen. Meine eigenen Handlungen und die Handlungen meiner Zeitgenossen kommen mit den früheren Handlungen meiner Eltern, Großeltern und Urgroßeltern zusammen. Die Auswirkungen all unserer Handlungen werden noch in hunderten, sogar tausenden von Jahren spürbar sein.

Zutreffend ist auch, dass wir aufgrund unserer spezifischen Vergangenheit genau diese Gegenwart erleben. Meine eigentlich wenig bedeutenden Handlungen, die mich warm und trocken halten und dazu führen, dass ich satt bin, sind zumindest teilweise das Resultat von Entscheidungen, die Menschen getroffen haben, die bereits seit langem tot sind. Auch wenn ich gar keine fossilen Brennstoffe mehr verbrennen möchte, so bin ich doch in einen Kulturkreis eingebettet, der so angelegt ist. Außer wenn ich irgendwo in eine Jurte ziehe, bin ich doch wohl, gerade wenn es um die Befriedigung meiner Grundbedürfnisse geht, untrennbar mit dem System verbunden.

Wie die Handlungen mitsamt den zugrundeliegenden Kräften räumlich und zeitlich verschwimmen, kann sehr verwirrend sein, denn manchmal hängt die moralische Verantwortung konzeptionell von einer anderen Art von Verantwortung ab: der ursächlichen Verantwortung. Wenn wir wissen, dass eine Handlung verkehrt ist, dann müssen wir nur wissen, dass irgendjemand diese Handlung begangen hat, um daraus den Schluss zu ziehen, dass er für etwas Verkehrtes verantwortlich ist. Allerdings sind die Kausalzusammenhänge, die den Klimawandel stützen, auf ihre Art außergewöhnlich, und das macht die Sache undurchsichtig, wenn wir versuchen zu ergründen, wer was getan hat. Es ist zum Beispiel nicht klar, dass eine bestimmte Handlung meinerseits kausal für irgendein künftiges Leid verantwortlich ist. All die kleinen Dinge, die ich heute tue – ein paar Glühlampen anknipsen, meine Kleidung in den Trockner stecken, vor dem Zubettgehen den Seewetterbericht hören –, können der Atmosphäre nur einen zu vernachlässigenden Schaden zufügen. Es ist fast so, als ob ich gemeinsam mit einer Million anderer Menschen für eine Milliarde kleiner Handlungen in einer Billion winziger Augenblicke verantwortlich wäre. Jede Handlung ist für sich genommen nichts, kein Mensch handelt offensichtlich falsch, aber zusammengenommen sind die Folgen katastrophal.

So besehen verwundert es nicht, dass ein dritter Aspekt des Problems, nämlich unsere theoretische Ungeschicklichkeit, die Sache noch schlimmer macht. Wir sind nicht sehr gut darin, über unsere fernere Zukunft nachzudenken, über Tiere und Natur, den Wert von Menschen, die es vielleicht niemals geben wird, räumlich und zeitlich verwischte Handlungen und so weiter. Wir sind bisher ganz gut zurechtgekommen, ohne uns über diese Dinge Sorgen zu machen, aber jetzt, wo es wichtig ist, fehlt es uns sowohl an Weisheit als auch an einer Theorie, um dies Alles zu bewältigen. Gardiner schlussfolgert, es sei durchaus möglich, dass unser theoretisches Versagen zu einem moralischen Versagen führen kann, einer Art Trugschluss, bei dem wir unser Hauptaugenmerk zwar auf einen Teil des Problems richten, anderes hingegen vernachlässigen. Die Vielschichtigkeit mag als Entschuldigung dienen, sie ist aber eine problematische Entschuldigung für bloßes Nichtstun.

Das Gefangenendilemma und die Tragik des Allgemeinguts

Ein Weg, unser theoretisches Versagen und bestimmte Merkmale unserer Gedanken über die räumlichen und zeitlichen Aspekte des Problems zu konkretisieren, besteht darin, über zwei berühmte Gedankenexperimente zu reflektieren und diese dann auf die durch den Klimawandel hervorgerufenen Probleme anzuwenden. Zunächst das Gefangenendilemma – in mehreren Abwandlungen. Fast alle davon verdeutlichen ein besonders besorgniserregendes Merkmal von individueller – statt kollektiver – Vernunft.[36]

Stellen Sie sich vor, Bonnie und Clyde sind wegen Bankraubs inhaftiert und grübeln in getrennten Zellen. Im Falle einer Verurteilung stehen ihnen zehn Jahre Gefängnis bevor, aber die Polizei, die ein Beweisproblem hat, möchte ihnen einen Deal anbieten. Sie können sich durch ein Geständnis und den Verrat des anderen Gefangenen aus der Affäre ziehen. Wenn einer den anderen verpfeift und der andere schweigt, ist der Verräter frei und der andere bekommt die vollen zehn Jahre. Wenn sich beide gegenseitig verpfeifen, bekommen beide fünf Jahre. Wenn beide jedoch schweigen, kann die Polizei nichts unternehmen, und sie bleiben wegen eines geringfügigen Anklagepunkts nur für einen Monat gefangen. Sie können sich nicht beratschlagen, also: Was tun?

Wenn es ihnen nur auf den Gefängnisaufenthalt ankommt, ist Verrat die beste Lösung. Clyde könnte so argumentieren: „Wenn Bonnie schweigt, dann ist es das Beste, sie zu verraten, denn dann kann ich gehen. Wenn Bonnie mich verrät, dann ist es immer noch am Besten, sie auch zu verraten, denn dann bekomme ich zumindest nur fünf Jahre und nicht die volle Strafe. So oder so, das Beste, was ich tun kann, ist reden." Clydes Überlegungen sind interessant, wenn nicht sogar beunruhigend, denn obwohl Zusammenarbeit die kollektiv vernünftigste Sache für beide Gefangene wäre, sind Treuebruch und Betrug das individuell vernünftigste Handeln. Wenn beide zusammenarbeiten, dann wird insgesamt die kürzeste Zeit verbüßt. Wenn die Einzelnen tun, was individuell vernünftig ist, dann können sie schließlich das untergraben, was für beide das Beste wäre.

Hier ein zweites naheliegendes Beispiel zur sogenannten „Tragik des Allgemeinguts".[37] Angenommen, wir denken statt über einfache Zusammenarbeit über die Nutzung einer gemeinschaftlichen, im Umfang begrenzten Ressource nach. Stellen Sie sich fünf Cowboys vor, jeder hat zehn ausgezeichnete Kühe, die auf Land grasen, das allen gehört. Wenn für die Cowboys der Wert ihrer eigenen Herde am wichtigsten ist, dann wird jeder alles dafür tun, um möglichst viele Kühe zu haben. Nehmen Sie an, dass das Feld seine Auslastungsgrenze erreicht hat – es kann nur die 50 gesunden, glücklich muhenden und vor sich hin mampfenden Kühe sicher ernähren, die jetzt darauf grasen. Dennoch ist es die individuell vernünftige Wahl jedes Cowboys, seine eigene Herde zu vergrößern. Das mindert zwar den

Wert aller Tiere auf dem Feld – sie können weniger fressen und werden ein bisschen dürr –, aber er bekommt den vollen Wert der Extra-Kühe für sich. Jeder leidet unter der Überweidung – jede Kuh ist nun weniger wert –, aber jeder einzelne Cowboy genießt den Vorteil einer größeren Herde. Die Tragik des Allgemeinguts ist, grob gesagt, dass es in jedermanns individuellem Interesse zu liegen scheint, eine gemeinsame Ressource zum Nachteil der kollektiven Gruppeninteressen möglichst intensiv auszubeuten.

Hier eine letzte Variante zum Gefangenendilemma.[38] Nehmen Sie an, es sei Bonnie und Clyde gelungen, das Rätsel der Zeitreise zu entschlüsseln, und sie und ihre Bande rauben nun Banken in allen Zeitaltern aus. Sie erregen die Aufmerksamkeit der Zeitpolizisten, denen es gelingt, alle an unterschiedlichen Punkten auf dem Zeitstrahl festzunehmen. Die Polizisten bieten ihnen den schon erwähnten Deal an: Verrate die anderen oder schweige, es gilt das gleiche Belohnungs- und Strafensystem wie zuvor. Jetzt, wo die irritierenden Zeitsprünge beendet sind und die zeitliche Ordnung wiederhergestellt wurde, beginnen die Polizisten im Jahre 1950, Räuber eins auf den Zahn zu fühlen. Sie müssen bis 1970 warten, um Räuber zwei zur Rede zu stellen. Bonnie wartet im Jahre 2000 auf ihre Befragung; Clyde ist irgendwann in den 2010er-Jahren dran und so weiter bis zu Räuber zwölf im Jahre 3005. Sollten die Gefangenen schweigen oder gestehen?

Wenn das übliche Gefangenendilemma zeigt, dass es individuell vernünftig für einen Gefangenen ist, einen anderen zu verraten, so bietet die zeitliche Version ein leicht anderes Bild. Wenn ihnen nur der Gefängnisaufenthalt wichtig ist, dann liegt es im Interesse eines jeden, der früher drankommt, diejenigen zu verraten, die später drankommen. Tatsächlich besteht für diejenigen, die früher an der Reihe sind, keine offensichtliche Gefahr durch die Nachfolgenden – sie könnten sogar tot sein, wenn ein später an die Reihe kommender Räuber die Möglichkeit zum Verrat bekommt. Wieder scheint es individuell vernünftig für die Gefangenen zu sein, nicht zusammenzuarbeiten, auch wenn es kollektiv gesehen besser wäre.

Diese Beispiele ermöglichen viele Schlussfolgerungen. Aspekte des Problems, die die Überlegungen zum Klimawandel begleiten, scheinen zu beiden Versionen der Gefangenen-Zwangslage und der Tragik des Allgemeinguts zu passen. Staaten, die darüber nachdenken, ob sie sich an die Bedingungen von Verträgen wie dem von Kyoto halten, sind mit der Position des Gefangenen vergleichbar, der überlegt, ob er einen früheren Kollegen verrät. Im eigenen Interesse zu handeln, die Umwelt zu verschmutzen und die Vorteile des ungehinderten Energieverbrauchs zu genießen, kann individuell vernünftig erscheinen – insbesondere, wenn das vermutlich der Kumpel genauso handhaben wird. Eine gemeinsame Ressource auszubeuten, wie die Kohlendioxid-Absorptionsfähigkeit des Planeten, kann plausibel erscheinen. Jeder hat an dem Verlust der gemeinsamen Ressource Anteil, aber nur der Verursacher genießt die Vorteile zusätzlichen Energieverbrauchs, der weiteres Kohlendioxid in die Atmosphäre bläst. Noch besser: Anstelle, dass andere Cowboys Ihre Herde zählen und Sie für das Leiden ihrer eigenen Tiere verantwortlich machen, sind es künftige Generationen, die wirklich die Kosten tragen müssen. Da einige der Betroffenen noch auf Spielplätzen schaukeln und der Rest noch gar nicht geboren wurde, ist es unwahrscheinlich, dass sie protestieren.

Zumindest zeigen diese Beispiele, dass individuelle und kollektive Interessen manchmal dramatisch auseinanderklaffen können. Das kann uns nur weiter anspornen, einen Weg gegen den Klimawandel zu finden, insbesondere wenn man die Tatsache im Hinterkopf behält, dass das Vorgehen gegen Treibhausgasemissionen eine noch nie dagewesene weltweite Kooperation voraussetzt. Eine generationenübergreifende Zusammenarbeit ist unabdingbar – vorangehende Generationen werden Lasten zu schultern haben, obwohl sie den entsprechenden Nutzen selbst nicht genießen können. Es liegt Einzelnen nahe –Sie können, wenn Sie mögen, hier auch an einzelne Staaten oder Unternehmen denken –, ihre eigene und unser aller Position zu untergraben, indem sie ihre eigenen Interessen verfolgen. Sicherlich haben diejenigen, die künftig leben werden und deren Interessen niemand der heute Lebenden vertritt, eine gute Chance, dass wir sie alle verraten.

Dennoch gibt es einen Hoffnungsschimmer. Vielleicht ist Ihnen aufgefallen, dass bestimmte Formulierungen erforderlich waren, damit diese Beispiele funktionieren. Ich musste für beide Versionen des Gefangenendilemmas den Satz „Wenn nur der Gefängnisaufenthalt wichtig ist" festlegen. Die Tragik des Allgemeinguts wäre nicht so tragisch ohne die Vorgabe, dass die Cowboys sich nur um den Geldwert ihrer Herden kümmern. Individuelle und kollektive Vernunft gegenüberzustellen, hat auch etwas Lustiges. Die Rede von individueller Vernunft scheint meine Gedanken auf das zu begrenzen, was das Allerbeste für mich ist, im Gegensatz zu dem, was gut für uns Alle ist, oder einfach nur, was ich ohne allzu große Schwierigkeiten ertrage. Ich nehme an, wenn Sie eine Gefangene in einen Raum stecken, ihr einen Rechenschieber geben, ihre Gedanken darauf lenken, was das Beste für sie ist und sicherstellen, dass sie denkt, dass nur der Gefängnisaufenthalt wichtig ist, so treten die geschilderten Probleme auf. Gibt es denn keine Chance, dass das Beste für Alle in den Gedanken eines einzelnen Gefangenen oder eines einzelnen Cowboys eine Rolle spielt? Gibt es auch unter Dieben Ehre? Muss Clyde so egoistisch sein? Liebt er Bonnie nicht?

Es gibt unter einigen Philosophen und Wirtschaftswissenschaftlern eine große Debatte, welche Werte hier eine Rolle spielen sollten, eine Debatte, die ich nur kurz erwähnen werde, um ihr dann für den Moment auszuweichen.[39] Ein Aspekt der Meinungsverschiedenheiten besteht darin, ob die Wirtschaftswissenschaften das richtige Instrument sind, ob sie die richtige Zusammenstellung von Werten nutzen, um einige der wichtigsten Fragen zu beantworten, die durch den Klimawandel aufkommen. Zweifellos sind einige Fragen der wirtschaftlichen Analyse zugänglich, aber es gibt beträchtliche Zweifel, dass alle relevanten Fragen aus Perspektive der Wirtschaft beantwortet werden können. Philosophen stimmen darin überein und beharren darauf, dass moralische Werte das Gerede von Kosten, vernunftbegabten Akteuren und Kosten-Nutzen-Analysen übertrumpfen und übertrumpfen sollten.

Im Folgenden sei ein offensichtlich ungerechtes und abscheuliches Beispiel gegeben, das aber zumindest schnell auf den Punkt kommt: Einige Wirtschaftswissenschaftler haben versucht, einige der „nicht vom Markt bestimmten Auswirkungen“ des Klimawandels zu berechnen, indem sie einem Menschenleben einen Wert zumaßen, der im Verhältnis zum nationalen Bruttoinlandsprodukt pro Kopf stand. Sie bekommen damit solide und objektive Antworten auf ihre Fragen, aber sie müssen auch damit zurechtkommen, dass ein Chinese lediglich ein Zehntel des Wertes eines Europäers hat. Wir sehen von diesem Beispiel ab und sagen lediglich, dass die Wirtschaftswissenschaften ihre Bedeutung haben, dass sie aber nicht ohne die sorgfältige Berücksichtigung von Werten arbeiten können, die der wirtschaftlichen Analyse weiter vorgeschaltet sein müssen. Kosten und Nutzen sowie vernünftiges Handeln spielen eine Rolle, aber andere Dinge spielen eine weitaus größere Rolle. Diese anderen Dinge sind Teil des erwähnten Hoffnungsschimmers.

Der Hoffnungsschimmer mag ein bisschen schwach ausfallen, insbesondere dann, wenn Sie stirnrunzelnd an das momentane menschliche Verhalten denken. Denken Sie an die bloße Möglichkeit einer gemeinschaftlichen Zusammenarbeit von Regierungen und wettbewerbsorientierten Unternehmen. Denken Sie an die Einwände der Menschen, die dauernd über Praktikabilität und Lösungen für die tatsächliche Welt reden. Ermutigende Beispiele generationenübergreifender weltweiter Kooperationen zwischen Regierungen und Industrie springen einem nicht unmittelbar ins Auge. Dasselbe, was mich zu der Schlussfolgerung bringt, dass Clyde niemals Verrat üben würde, ist es, was eine Chance dafür eröffnet, dass es funktionieren kann. Das Gerede über vernünftigen Eigennutz und Kosten-Nutzen-Analysen bekommt viel öffentliche Aufmerksamkeit, aber wirtschaftliche Gründe sind nicht die einzig existierenden. Tatsächlich handeln wir nicht nur in unserem eigenen Interesse – Diebe können verlässliche Freunde sein und Cowboys können das Richtige tun. Im Fall des Klimawandels kann es helfen, wenn wir ein bisschen darüber nachdenken, worin richtiges Handeln besteht und insbesondere, wer handeln sollte.

Im letzten Kapitel haben wir uns mit individuellen Pflichten und Verantwortung in Bezug auf den Klimawandel befasst. Nun wird sich unser Augenmerk auf Staaten und deren moralische Verantwortung richten. Wir beginnen mit der bloßen Verantwortung für jegliches Handeln und fragen uns dann, wer etwas tun sollte, wenn etwas getan werden muss. Diese Frage kann man mit drei zeitlichen Ausrichtungen im Kopf angehen: der Vergangenheit, der Gegenwart und der Zukunft. Die moralische Forderung zu handeln kann auf Seiten mancher Beteiligter angesichts des Verhaltens in der Vergangenheit, der gegenwärtigen Verteilung von Ressourcen oder der Verpflichtungen gegenüber kommenden Generationen aufkommen. Weitere Faktoren können in unserem Denken ebenfalls eine Rolle spielen, aber wir haben für den Anfang mehr als genug.

Historische Prinzipien der Gerechtigkeit

Es gibt viel Schrifttum über das Wesen der Gerechtigkeit, das bis Platon zurückreicht. Sie werden genauso erleichtert sein wie ich, dass ich das nicht wiederholen oder hier eine Gerechtigkeitstheorie ausbreiten werde. Davon gibt es schon viele.[40] Gerechtigkeit, wie sie auch immer definiert wird, spielt eine Rolle im Gerede über Bestrafung, die Verteilung von Gütern und über Abhilfe- oder Entschädigungsmaßnahmen. Eine Bestrafung wird als gerecht angesehen, wenn sie zu dem Verbrechen passt, wenn eine wirklich schuldige Person eine Strafe zahlen oder ein Stück Freiheit aufgeben muss, das in Verhältnis zu dem Leid steht, das sie mit ihrem Fehlverhalten angerichtet hat. Die Verteilung von Trinkwasser aus einer öffentlichen Quelle kann dann als gerecht angesehen werden, wenn jeder gleich viel erhält oder diejenigen zuerst etwas erhalten, die es am meisten brauchen. Wenn wir herausfinden, dass zusätzliches Wasser an jemanden ging, der sich insgeheim jeden Tag einen Teil genommen hat, so kann die ausgleichende Gerechtigkeit verlangen, dass er das Wasser zurückgibt oder er künftig für einige Zeit nicht den gleichen Anteil Wasser erhält.

In all diesen Fällen scheinen die Gerechtigkeitsvorstellungen etwas gemeinsam zu haben, und üblicherweise hat diese gemeinsame Grundlage etwas damit zu tun, wie Güter, Ressourcen, Lasten, Nutzen oder Ähnliches aufgeteilt sind. Gerechtigkeit scheint darin zu bestehen, etwas gleich zu verteilen – egal, ob das eine Last oder ein Nutzen ist, falls es nicht gute Gründe für das Gegenteil gibt, also gute Gründe für ein abweichendes Verfahren. Solche Gründe werden wahrscheinlich moralisch relevante Gründe sein müssen. Vielleicht sollten Sie mehr Wasser aus der öffentlichen Quelle erhalten, wenn es wenig auf Ihre Pflanzungen geregnet hat. Ohne den Extraanteil besteht die Wahrscheinlichkeit, dass Sie und diejenigen, die von Ihnen abhängen, leiden müssen. Es ist moralisch relevant, dies zu verhindern. Sie sollten etwas mehr erhalten, wenn alle anderen zurechtkommen. Wenn die Vorräte beschränkt sind und jeder von der Quelle abhängig ist, dann bekommen Sie wahrscheinlich kein Wasser, wenn Sie es nur für Ihren Whirlpool brauchen.

Ein gerechtfertigtes Abweichen von der Gleichheit kann durchaus moralisch relevante Gründe haben, die die Vergangenheit berücksichtigen oder rückwärtsgerichtet sind. Wie in dem genannten Beispiel, in dem die ausgleichende Gerechtigkeit verlangt, dass jemand, der in der Vergangenheit zusätzliches Wasser heimlich abgezweigt hat, einen Teil abgeben sollte, zumindest bis ein Ausgleich hergestellt ist. Manchmal jedoch geschieht das Abrücken von der Gleichheit aus vollkommen anderen Gründen. Man hat sich entweder darüber verständigt oder es auf andere Art verdient. Vielleicht erhalten Sie und Ihre Schiffskameraden jeden Abend eine gleich große Zuteilung Rum. Ist jemand bereit, Ihre Wache im Austausch für Ihr Gläschen Rum zu übernehmen, dann ist die Verteilung des Rums zwar nicht mehr gleich, aber ein Blick auf den Zusammenhang sagt uns, dass sie dennoch gerecht ist. Sie sind von der vorgegebenen Praxis von gleichen Anteilen für alle abgerückt, aber aus gutem Grund: Die Parteien kamen zu einer für beide vorteilhaften Vereinbarung und stimmten der Abweichung zu.

Die Betrachtung der Vergangenheit kann also sehr wichtig für eine Schlussfolgerung darüber sein, ob die gegenwärtige Verteilung der Nutzen oder Lasten gerecht ist. Ferner können Betrachtungen der Vergangenheit in zwei Richtungen gehen. Überlegungen zur Geschichte einer ungleichen Verteilung können sicherlich dann zu dem Schluss führen, dass die Verteilung gerecht ist, wenn moralisch relevante Einschätzungen zu der heutigen Verteilung geführt haben. Überlegungen zur Geschichte einer ungleichen Verteilung können auch in dem Ergebnis münden, dass die Verteilung ungerecht ist, insbesondere wenn keine relevanten Überlegungen für die Ungleichheit auszumachen sind.

Wenn die Verteilung begrenzter Ressourcen nicht gerecht ist, kann schnell ein weiteres Argument für die Behauptung geliefert werden, dass diejenigen, die jetzt einen unverdienten Nutzen genießen, eine Verantwortung haben, etwas gegen diese Verteilung zu tun. Insbesondere die, die ungerechterweise profitiert haben, tragen durchaus eine moralische Verantwortung dafür, künftig eine möglichst gleiche Verteilung zu erreichen. Möglicherweise verlangt die ausgleichende Gerechtigkeit, dass einige zusätzliche Lasten von denen getragen werden müssen, die in der Vergangenheit mit zusätzlichem Nutzen ungestraft davonkamen.

Denken Sie nun weniger über Rum und mehr über Treibhausgase nach. Wir wissen, dass Menschen seit der Industriellen Revolution planlos Treibhausgase in die Atmosphäre pusten. Wenn der Planet alles absorbieren könnte, was wir nach oben blasen, dann wären erst gar keine Fragen zur Gerechtigkeit im Hinblick auf den Klimawandel aufgekommen. Die Gerechtigkeit scheint nur wichtig zu sein, wenn es sich um die Verteilung von begrenzten Ressourcen handelt. Wenn wir so viel Rum hätten, wie wir trinken könnten, hätten wir sicher einige Probleme, mit denen wir umgehen müssten, aber wir müssten uns kaum Sorgen über eine gerechte Verteilung des Rums machen. Allerdings wissen wir, dass die Kohlenstoffaufnahme unserer Erde nur begrenzt möglich ist: Der Planet kann nur eine bestimmte Menge unserer Emissionen absorbieren, der Rest bildet eine Decke, die den Planeten aufheizt. Wir wissen ebenfalls, dass wir bereits mehr Gase in die Atmosphäre eingebracht haben als der Planet ohne Folgen absorbieren kann.

Viele Philosophen halten die absorbierenden Eigenschaften des Planeten für eine begrenzte gemeinsame Ressource – ähnlich wie die oben erwähnte öffentliche Quelle.[41] Ebenso wie diese Quelle ist die Kohlenstoffabsorption eine notwendige Ressource, zumindest jedoch eine Ressource, die wichtiger ist als gedacht. Viele Menschen dieser Erde sind auf die Verwendung fossiler Brennstoffe angewiesen, für weit mehr als nur, um ihren DVD-Player auf Stand-by zu halten. Angesichts der Art und Weise, wie viele unserer Gesellschaften aufgebaut sind – insbesondere angesichts unserer Energieherstellungsmethoden, ist die Einbringung von Kohlendioxid in die Atmosphäre ein grundlegender Part zur Sicherung von Nahrung, Unterkunft, Wärme und anderen Notwendigkeiten. Es ist also gewissermaßen ebenso ungerecht und ebenso schädlich, den Anteil eines anderen an dieser Kohlenstoffverringerung aufzubrauchen, wie dessen Wasser aufzubrauchen oder die Ressourcen, die er benötigt, um ein Haus zu bauen oder Nahrung zu erzeugen.

Ebenso deutlich ist, dass wir von einer gleichen Verteilung dieser begrenzten Ressource längst abgewichen sind. Nicht alle Länder emittieren die gleiche Menge an Treibhausgasen oder nutzen einen gleichen Anteil der Kohlenstoffabsorption. Betrachten wir einige Zahlen. Menschen bringen jedes Jahr etwa 26 Gigatonnen (26 Milliarden Tonnen) Kohlendioxid in die Atmosphäre ein.[42] Die Vereinigten Staaten sind für mehr als 20 Prozent der weltweiten jährlichen Emissionen verantwortlich, China für fast fünfzehn Prozent und die Europäische Union für etwa vierzehn Prozent. Der Nächste in der Reihe ist Russland mit viel weniger: etwa fünf Prozent der weltweiten Emissionen. Auch wenn wir von Pro-Kopf-Emissionen ausgehen, ist die Verteilung überhaupt nicht gleichmäßig. Im Jahre 2003 emittierten die Vereinigten Staaten fast 20 Tonnen Kohlendioxid pro Kopf, Russland emittierte mehr als zehn Tonnen, Länder wie Vietnam, Pakistan oder Tschad weit weniger als eine Tonne pro Kopf. Für einige Länder gibt es überhaupt keine messbaren Treibhausgasemissionen.

Noch nie hat es eine gleichmäßige Verteilung der Emissionen je gegeben. Gegenwärtige weltweite Emissionen spiegeln die Gesamtemissionen wider – mit ähnlichen Ungleichheiten.[43] Die Vereinigten Staaten stehen ganz oben auf der Liste, verantwortlich für fast 30 Prozent der gesamten Kohlendioxidemissionen zwischen 1850 und 2002. Die Europäische Union ist Zweiter, auf sie entfallen 26,5 Prozent; Russland ist Dritter mit 8,1 Prozent; China ist Vierter mit 7,6 Prozent; innerhalb der EU folgt Deutschland mit 7,3 Prozent, dann Großbritannien mit 6,3 Prozent.

Die Welternährungsorganisation der Vereinten Nationen klassifiziert Länder als entwickelt oder als sich entwickelnd. Wenn wir dieser Einteilung folgen, sind entwickelte Länder für den Ausstoß von mehr als 800 000 Millionen Tonnen Kohlendioxid seit 1900 verantwortlich. Die sich entwickelnde Welt, die so riesige Staaten wie China und Indien umfasst, hat viel weniger beigetragen: etwas über 213 000 Millionen Tonnen. Seit 1850 ist die entwickelte Welt insgesamt für 76 Prozent der Kohlendioxidemissionen verantwortlich, während die sich entwickelnde Welt nur 24 Prozent beigetragen hat. Basierend auf der Einordnung der Weltbank in Länder mit hohem oder niedrigem Einkommen, haben Länder mit hohem Einkommen 617 000 Millionen Tonnen Kohlendioxid produziert, während Länder mit niedrigem Einkommen für nur 51 000 Millionen Tonnen verantwortlich sind. Der Rest wurde von Ländern verursacht, die irgendwo dazwischen liegen.

Gibt es irgendwelche moralisch relevanten historischen Gründe für die gegenwärtige ungleiche Nutzung der weltweiten gemeinsamen Kohlenstoffabsorption? Sollten wir zu der Annahme verleitet sein, dass die gegenwärtige Konstellation moralisch zu rechtfertigen ist? Sicherlich gab es keine wichtigen und für alle nützlichen Vereinbarungen zwischen entwickelten und sich entwickelnden Ländern, wie es sie bei Ihnen und Ihrem Schiffskameraden gab. Aber es kann andere Gründe für den Gedanken geben, dass manche Ungleichheiten dennoch gerechtfertigt sind.

Singer zieht zwei Argumente für die Behauptung in Betracht, dass eine ungleiche Verteilung trotzdem moralisch vertretbar sein kann.[44] Beispiele sind das Privateigentum oder Umstände, unter denen einige Menschen an etwas teilhaben, was sie gemeinsam verwalten. Es gibt zumindest eine Tradition, die auf Locke zurückgeht, wonach die ungleiche Verteilung einer gemeinsamen Ressource für alle Beteiligten besser sein kann als die gleichmäßige Verteilung. Locke regt an, dass wir die damalige Situation der Ureinwohner Amerikas betrachten, deren Gesellschaft seiner Schilderung nach so angelegt sei, dass es dort kein Privateigentum gäbe, kein Privateigentum von Land und deshalb auch keinen planmäßigen Ackerbau. Zweifellos hat sich hier niemand eine gemeinsame Ressource angeeignet – es gibt keine ungerechte Abweichung von Gleichheit, aber andererseits, hält Locke fest, haben die Ureinwohner Amerikas nur wenig Besitz, insbesondere Nahrungsmittel oder Ähnliches.

Betrachten wir nun die Situation in England zu Lockes Zeit. Dort gelangte der gemeinschaftliche Boden im Laufe der Zeit in die Hände von Landeigentümern mit großen Anwesen, deren Land von landlosen Arbeitern bearbeitet wurde. Die gemeinschaftliche Ressource, das Land, haben Einzelnen in Besitz genommen, und die Verteilung ist überhaupt nicht gleichmäßig, aber der Tagelöhner hat keinen Grund zur Klage. Selbst der am besten gestellte Ureinwohner Amerikas, behauptet Locke, hat weniger Nahrung, eine jämmerlichere Unterkunft und schlechteren Schutz als der landlose Arbeiter in England. Die englischen Verhältnisse sind nicht ausgeglichen, aber in gewissem Sinn zieht jeder seinen Nutzen daraus.

Singer bemerkt richtigerweise, dass die sachliche Grundlage von Lockes Vergleich mehr als dürftig ist, aber auch wenn wir davon absehen – die Situation der Kohlenstoffaufnahmekapazität der Erde ist eine ganze andere als der Fall der privaten Landnutzung. Locke argumentiert augenscheinlich, dass – wie auch immer es dazu kam – die gegenwärtigen Verhältnisse bewirkt haben, dass der durchschnittliche Engländer mehr hat als der durchschnittliche amerikanische Ureinwohner. Sogar wenn jeder Ureinwohner Amerikas einen gleichen Anteil des Landes hätte, sogar einen gleichen Anteil von irgendeinem Betrieb, wird er weniger gut vorankommen, weil kein Privateigentum die Produktion anreizt. Die ungleiche Landverteilung in England wird demnach von etwas moralisch Relevantem übertrumpft: Arbeiter und Eigentümer in England profitieren beide von der gesteigerten Produktivität. Das Leben in England ist so besser, als wenn gleiche Anteile im System vorgeherrscht hätten.

Singer stellt allerdings fest, dass zwar jeder von den Landeigentümern profitiert, die einen mehr als gleich großen Anteil des Landes besitzen, aber nicht jeder von den entwickelten Ländern, die mehr als ihren Anteil an der weltweiten Kohlenstoffabsorption verbrauchen. Zunächst einmal können die meisten Menschen in ärmeren Ländern nicht darauf hoffen, sich die Produkte der Hochleistungsindustrien reicher Länder je leisten zu können. Nicht viele Menschen in Osttimor können sich einen neuen Hightech-Kühlschrank kaufen. Das hat die reichen Länder nicht aufgehalten, den armen Ländern Dinge wie Medizin und landwirtschaftliche Geräte in Rechnung zu stellen, was zum Teil der Grund dafür ist, dass arme Länder enorm verschuldet sind. Wie Shue richtig aufzeigt, haben die Armen größtenteils für den Nutzen bezahlt, der ihnen zugefallen ist.[45] Die sich entwickelnden Länder haben außerdem Schaden erlitten und es wird ihnen auch in Zukunft durch den Ausstoß von Treibhausgasen durch die entwickelten Länder vielfältiger Schaden erwachsen. Es kann sein, dass ein englischer Arbeiter zu Lockes Zeiten mehr Fleisch auf dem Teller hatte als ein Ureinwohner Amerikas. Heutzutage und in der Zukunft wird es aufgrund der ungleichen Emission von Treibhausgasen weniger Fleisch, ja sogar weniger Tische für viele Menschen in den sich entwickelnden Ländern geben.

Das zweite Argument, das Singer in Betracht zieht, ist auf Adam Smith zurückzuführen. Smith behauptet, dass die Reichen so etwas wie ein Recht auf Wohlstand haben, denn ihr Wohlstand enthalte den Armen kaum etwas vor und nütze ihnen in mancher Hinsicht. Aus diesem Grund nehmen die Reichen „nur das Wertvollste" und teilen mit den Armen die Früchte „all ihrer Verbesserungen". Smiths wohlbekannte unsichtbare Hand stellt sicher, dass die lebensnotwendigen Güter mehr oder weniger so verteilt sind, wie sie es wären, wenn alle Dinge von vornherein gleichmäßig verteilt worden wären. Die Reichen verbrauchen nicht allzu sehr viel mehr als die Armen, und sie nehmen ohnehin nur die wertvollsten Dinge, die von dem durchschnittlichen armen Menschen nicht wirklich vermisst werden. Zudem bauen die Reichen zur Vermehrung ihres Reichtums eine Welt mit viel mehr Gütern auf. Wie Locke denkt auch Smith, dass die Durchschnittsperson bei einer gleichmäßigen Aufteilung weniger hätte, als wenn die Reichen bestimmte Dinge für sich behalten.

Wieder bricht die Analogie fast augenblicklich zusammen. Wenn wir an die Kohlenstoffabsorption denken, ist es einfach nicht wahr, dass die Reichen nur ein bisschen mehr als die Armen genommen haben. Tatsächlich haben die Reichen weit mehr von dieser Fähigkeit der Erde genutzt als die Armen – vielleicht zehn- bis fünfzehnmal mehr. Die Armen wurden insofern einer Ressource beraubt. Smith liegt richtig damit, wenn er sagt, dass das Wertvollste von den Reichen genommen wird, aber wir reden nicht bloß über Diamanten oder Gold. Die Verbrennung fossiler Brennstoffe, also die Nutzung der Kohlenstoffabsorption der Erde, hat die entwickelten Länder teilweise erst zu dem gemacht, was sie sind – sie hat einen großen Anteil daran, den Lebensstandard zu sichern, den Menschen in reichen Ländern so selbstverständlich genießen. Die Ressource, die den entwickelten Ländern dabei half, dies zu tun, ist nun wirklich aufgebraucht. Indem wir die Atmosphäre so benutzt haben, haben wir nicht nur ein bisschen mehr als die Armen verbraucht, sondern wir haben ihnen ihre Zukunft genommen und diese durch etwas Schlimmeres ersetzt.

Das mag reichen, um Ihnen den Schluss nahezulegen, dass die gegenwärtige Verteilung der Nutzen und Lasten in Zusammenhang mit der Ausnutzung der Kohlendioxidabsorption nicht gerecht ist. Die entwickelten oder einkommensstarken Länder benutzten viel mehr als ihren Anteil und es gibt keine moralisch relevanten Gründe für diese Ungleichheit. Außerdem erleiden die Armen bereits einige Nachteile des Klimawandels in Form von extremen Wetterereignissen, dem Anstieg des Meeresspiegels,

Nahrungs- und Wasserknappheit sowie Klimaverschiebungen. Sie sind schon bei ihrem Anteil an der Kohlenstoffkompensation zu kurz gekommen und auf gewisse Weise haben sie auch ein besseres Leben verpasst. Den Nachteilen sind sie ausgeliefert, ohne dass sie einen Fehler begangen oder selbst eine Wahl gehabt hätten. Natürlich stehen ihnen wesentlich weniger Ressourcen zur Verfügung, die es ermöglichen würden, mit dem Klimawandel zurechtzukommen. Aufgrund der ungerechten Verteilung einer begrenzten Ressource sind einige Dinge für sie schwer und für uns leicht. Vielleicht kommen noch weitere Argumente hinzu, aber die traditionelle Verteidigung von Privateigentum ist in diesem Zusammenhang nicht überzeugend. Es ist schwer, historische Gründe zu finden, die die gegenwärtige Verteilung der Nutzen und Lasten entschuldigt. Die Verteilung ist daher ungerecht.

Also haben die entwickelten Länder eine Verantwortung, etwas zu tun: Zumindest sollten wir anfangen, das Gleichgewicht wiederherzustellen, indem wir unsere Emissionen verringern. Angesichts der gegenwärtigen Unterschiede zwischen den Emissionen der entwickelten und der sich entwickelnden Länder wird die Minderung dramatisch sein müssen. Die entwickelte Welt müsste auch etwas gegen die unerfreuliche Zukunft tun, die wir den sich entwickelnden Ländern aufgezwungen haben. Die Beweislast für jede Behauptung, dass wir anders handeln dürfen, also fortfahren könnten, mehr zu nehmen als unseren gerechten Anteil, bleibt direkt bei uns.

Sie dürfen auch schlussfolgern, dass den sich entwickelnden Ländern Raum für ihre Entwicklung zusteht. Aber wir kommen hier in den Bereich der Ziele und Zuteilungen, die uns erst im fünften Kapitel beschäftigen. Die Gerechtigkeit mag es erfordern, dass die sich entwickelnden Länder ihren Anteil an der Kohlenstoffabsorption erhalten, sofern es solche Anteile gibt. Wenn sich herausstellt, dass die Möglichkeit der Emissionen hochgradig begrenzt ist, dann könnte es gerechter sein, dass die sich entwickelnden Länder einen größeren Anteil als die entwickelten Länder erhalten. Wenn jeder einen Platz am Tisch erhält, erhalten sie einen Bissen, bevor wir uns einen Nachschlag holen.

Vielleicht gehen Sie so weit zu denken, dass die ausgleichende Gerechtigkeit den größten fossilen Brennstoffnutzern weitere Einschränkungen auferlegt. Wenn sich herausstellt, dass jemand einen zusätzlichen Wasseranteil heimlich aus der Quelle entnommen hat, könnte es, wie wir oben festgestellt haben, die ausgleichende Gerechtigkeit erfordern, dass er das Wasser zurückgibt oder in Zukunft weniger nimmt. Dieser Gedanken könnte uns zu der Schlussfolgerung bringen, dass entwickelte Länder einen geringeren Anteil an der Kohlenstoffabsorption haben sollten als die sich entwickelnden Länder. Andere Arten der Entschädigung könnten ebenfalls angebracht sein, insbesondere wenn Sie das Leid bedenken, das durch unsere Nutzung der fossilen Brennstoffe schon seit langem, bis heute andauernd, verursacht wird. Die entwickelte Welt dürfte moralisch verpflichtet sein, nicht nur einige Meeresschutzdämme in Bangladesch zu bezahlen, sondern vieles andere mehr.

Falls Sie sich noch nicht zu diesen Schlussfolgerungen in der Lage sehen, so dürfte Ihnen eine weitere Überlegung auf den Weg helfen. Überdenken Sie folgenden Grundsatz.

Es herrscht die Vorstellung, dass Umweltverschmutzer die Kosten ihrer Umweltverschmutzung tragen sollten. Dieser Gedanke hat eine Geschichte, die mindestens bis in die 1970er Jahre zurückgeht, als manche europäische Regierungen beschlossen, dass die Industrie, nicht aber die Steuerzahler, für die Entsorgung von ausgeflossenem Öl und mancherlei Verschmutzung, die manchmal durch Bergbau entsteht, bezahlen sollte. Das Verursacherprinzip, wie es genannt wird, ist in das Recht einiger Länder integriert, ebenso wie der Gedanke zumindest einige internationale Vereinbarungen unterstützt. Die Rio-Erklärung über Umwelt und Entwicklung erklärt:

> „Die nationalen Behörden sollten bestrebt sein, die Internalisierung von Umweltkosten und den Einsatz wirtschaftlicher Instrumente zu fördern, wobei sie unter gebührender Berücksichtigung des öffentlichen Interesses und unter Vermeidung von Verzerrungen im Welthandel und bei den internationalen Investitionen den Ansatz verfolgen sollten, dass grundsätzlich der Verursacher die Kosten der Verschmutzung zu tragen hat.“[46]

Dieses Prinzip ist zwar im Detail unterschiedlich, aber insgesamt parallel laufend interpretiert worden. Nehmen Sie an, dass die Erdölraffinierung widerlichen Schlamm erzeugt, der eine sorgfältige Entsorgung erfordert. Manche argumentieren, dass die Kosten, um mit dem Klebezeugs zurechtzukommen, komplett von den Ölproduzenten getragen werden sollten. Andere behaupten, dass Ölverbraucher Verantwortung tragen und daher der Kaufpreis von Erdölprodukten einen Anteil der Reinigungskosten enthalten sollte. Die Regierung könnte einem Unternehmen zusätzliche Kosten auferlegen, falls vereinbarte Ziele der Verringerung der Schlammmenge nicht erfüllt würden. Vielleicht muss ein Unternehmen Geld zur Seite legen, bevor es die Erlaubnis erhält, nach Öl zu bohren – Geld, das dazu bestimmt ist, den Schlamm wieder loszuwerden. Wie auch immer Sie es drehen und wenden, es ist klar, dass wir zumindest eine gewisse gesetzliche Grundlage haben, die das Verhältnis zwischen Umweltschäden und Verantwortung betrifft.

Das Prinzip basiert auf einem anderen grundlegenden Teil unserer moralischen Anschauung, möglicherweise einem Teil des Fundamentes, das im letzten Kapitel erwähnt wurde, oder zumindest auf einem Gedanken aus den tiefsten Tiefen der Moral. Es hat viel mit dem zu tun, was wir ebenfalls schon betrachtet haben, nämlich der konzeptionellen Verbindung zwischen Moral und kausaler Verantwortung. Dieses tiefere Prinzip ist nicht nur im Gesetz verankert, sondern auch auf Plakaten, die an die Wände unzähliger Antiquitätengeschäfte geklebt sind: „Wenn Sie etwas zerbrechen, sind Sie zum Kauf verpflichtet".

Es lässt sich kaum aussprechen. Sie wissen genau, was ich damit meine. Die einzige relevante Frage in diesem Zusammenhang betrifft die Identifizierung desjenigen, der für unser „zerbrochenes" Klima kausal verantwortlich ist. Wem das zu dick aufgetragen ist, der möge fragen, wer die kausale Verantwortung für die große Menge an Treibhausgasemissionen trägt. Unbestreitbar ist dies die entwickelte Welt. Singer schlussfolgert, wobei er vielleicht hörbar seufzt:

> „Um es in Sätze zu fassen, die auch ein Kind versteht: Soweit die Atmosphäre betroffen ist, haben die entwickelten Länder diese zerstört. Wenn wir glauben, dass die Menschen in dem Maße etwas verbessern sollten, wie sie Verantwortung für die Zerstörung tragen, dann schulden die entwickelten Länder dem Rest der Welt, dass sie das Problem mit der Atmosphäre beheben."[47]

Überlegungen zu historischen Prinzipien führen zu einer klaren Schlussfolgerung: Die entwickelte Welt hat eine moralische Verantwortung, gegen den Klimawandel vorzugehen. Die Frage könnte als ein Problem der Verteilungsgerechtigkeit angegangen werden. Die Kohlenstoffabsorption unserer Erde ist definitiv eine begrenzte Ressource in ungleicher Verteilung. Die Gerechtigkeit gebietet es, dass wir das Gleichgewicht wiederherstellen. Der Frage nach der Verantwortung wäre im Sinne von kausaler Verantwortung zu beantworten. Wieder ist es schwer, der Schlussfolgerung zu entkommen, dass die entwickelte Welt eine moralische Verantwortung zum Handeln hat.

Gegenwärtige Ansprüche und Leistungsvermögen

Es könnten Ihnen einige Einwände dagegen einfallen, dass sich aus der Vergangenheit moralische Forderungen an die entwickelte Welt ergeben. Diese Einwände könnten etwas mit Absicht, Wissen oder sogar der Vergangenheit selbst zu tun haben. Die Einwände könnten Sie dazu bringen, dass wir unseren Blick nicht auf die Vergangenheit, sondern darauf richten sollten, wie die Dinge heute stehen. Wir werden mit den Einwänden beginnen und dann zum moralischen Gewicht gegenwärtiger Ansprüche und gegenwärtiger Leistungsfähigkeit kommen.

Der Begriff der Verantwortung ist so etwas wie eine bunte Mischung und wir wenden ihn ganz verschieden an. Wir denken manchmal an eine kausale Verantwortlichkeit – dann weisen wir etwas insoweit zu, als es Ursache für etwas anderes ist. Der Regen kann zum Beispiel kausal verantwortlich für die Nässe des Gartens sein. Reden wir jedoch von rechtlicher und moralischer Verantwortung, hat der Regen hat keine Chance, in diesem Sinne verantwortlich gemacht zu werden. Der Grund weshalb der Regen niemals moralisch für irgendetwas verantwortlich gemacht wird, hat viel damit zu tun, dass der Regen nichts weiß oder beabsichtigt.

Wenn Sie meinen, ich sei moralisch für eine Handlung in der Vergangenheit verantwortlich – sagen wir, eine Lüge, dann denken Sie zumindest, dass ich wusste, was ich tat. Ich kannte die Wahrheit, habe mich aber absichtlich entschlossen, sie Ihnen nicht zu sagen. Wenn Sie mich zur Rede stellen, könnten Sie argumentieren, dass ich wissen musste, dass das, was ich sagte, falsch war und dass ich irgendeinen Grund hatte, die Wahrheit zu verbergen – vielleicht finden Sie ein Motiv für die Lüge und Sie nutzen es, um meine wahren Absichten aufzudecken. Ich könnte meine Unschuld beteuern, indem ich behaupte, dass ich wirklich glaubte, dass das, was ich sagte, wahr sei. Ich habe nicht absichtlich gelogen. Vielleicht kann ich einen Weg finden, Sie zu überzeugen, dass ich etwas Falsches glaubte und es unschuldigerweise weitergab. Sie wären überzeugt, dass ich keine Täuschung beabsichtigte, dass ich die Wahrheit nicht kannte, und würden einsehen, dass ich moralisch überhaupt nicht dafür verantwortlich bin, Sie in die Irre geführt zu haben.

Gibt es keine Gründe für die Behauptung, dass die entwickelten Länder die Auswirkungen der Treibhausgase nicht kannten? Gibt es keine Gründe für die Behauptung, dass sie sicher keinen Klimawandel beabsichtigten? Wenn die entwickelten Länder den Klimawandel nicht beabsichtigten und nichts darüber wussten, dann klingt das Gerede über vergangenheitsbezogene Gerechtigkeitsprinzipien und Verantwortung für das Handeln ein bisschen dumpf. Vielleicht waren wir etwas zu eilig mit dem Schluss, dass auf den entwickelten Ländern eine Verantwortung zum Handeln ruht.

Betrachten wir zunächst unseren Kenntnisstand über die Auswirkungen der Treibhausgase. Wie wir im ersten Kapitel gesehen haben, ist unser Verständnis der Absorptionsfähigkeit von Gasen der Atmosphäre durchaus keine brandneue Einsicht. Doch zumindest haben sich einige Philosophen und andere Intellektuelle, die sich über Kenntnis und Verantwortung Gedanken machen, auf 1990 als das Jahr geeinigt, in dem die Welt die Auswirkungen der Emissionen nicht länger negieren konnte. Ferner war dies, wie wir zu einem früheren Zeitpunkt festgestellt haben, das Jahr, in dem der Weltklimarat seinen ersten Sachstandsbericht veröffentlichte. Es ist schwer, den Regierungen versäumtes Handeln aufgrund von Nichtwissen zuzugestehen; angesichts der Veröffentlichung einschlägiger Erkenntnisse – Daten, die viel Aufmerksamkeit in der Presse erhielten. Wenn diese Informationen seit 1990 weithin bekannt waren, dann ist es schwer, unser Handeln seit dieser Zeit mit Nichtwissen zu rechtfertigen. Wenn Sie mich fragen, stiegen die Treibhausgasemissionen seit nahezu jeder Messung seit 1990 an. Es gibt sicherlich juristische Fälle, in denen wir nicht davor zurückschrecken, jemanden für verantwortlich zu halten, obwohl es bei dieser Person Wissenslücken gibt. Viele Länder haben eine Vielzahl von gesetzlichen Unterscheidungen, die diesen Bereich aufteilen – das Konzept von der Haftung für fremdes Verschulden, verschuldensunabhängige Haftung, Teilhaftung, verminderte Schuldfähigkeit, Totschlag im Gegensatz zu Mord und so weiter. Es ist denkbar, dass uns eine rechtliche Analogie bei unseren Gedanken zum Klimawandel leiten könnte. Wie auch immer dies funktionieren mag, es ist sehr wahrscheinlich, dass wir am Ende behaupten werden, dass die entwickelte Welt für den Klimawandel verantwortlich ist, vielleicht sogar moralisch, ob sie nun unwissend war oder gutgläubig gehandelt hat.

Vielleicht müssen wir nicht in Rechtsfragen eintauchen, um eine Antwort auf diese Einwände zu finden. Nehmen Sie an, Sie fahren mein Auto an und verursachen einen kleinen Schaden. Es ist nicht mein Fehler: Ich hatte mein Auto zu dieser Zeit rechtmäßig geparkt. Sie fuhren mich dennoch ungewollt an – weder wussten Sie, noch hätten Sie wissen müssen, dass Sie auf mein Auto aufprallen würden, auch hatten Sie keine Absicht, das zu tun. Wäre es falsch von Ihnen, einfach davonzufahren?

Die Frage ist nicht, ob es rechtlich falsch wäre – vermutlich wäre es das, sondern ob Ihr Davonfahren moralisch falsch wäre. Ich neige zu der Ansicht, dass Sie an die Seite fahren und mich fragen sollten, ob es mir gut geht, und versuchen sollten, mir zu helfen, falls das nicht der Fall ist. Wenn Reparaturen an meinem Auto erforderlich sind, sollten Sie meiner Meinung nach etwas bezahlen. Vielleicht hat die entwickelte Welt das Klima vollkommen versehentlich verändert – sie wusste weder noch hätte sie wissen müssen, dass ihre Emissionen Schaden anrichten, auch beabsichtigte sie den Schaden nicht. Wäre es nicht trotz allem falsch von der entwickelten Welt, einfach davonzufahren, alle anderen auf der Erde einfach im Stich zu lassen? Sollte die entwickelte Welt nicht an die Seite fahren, sicherstellen, dass es allen gut geht und für den Schaden bezahlen? Wenn nicht für den gesamten Schaden, dann vielleicht für einen Großteil? Für einen Teil? Sicherlich können wir nicht behaupten, dass sie gar nichts schuldet, einfach weil sie weder von dem Schaden wusste noch ihn beabsichtigte.

Es gibt einen weiteren naheliegenden Einwand, den wir den historischen Gründen für die Verantwortung bezüglich des Klimawandels hinzufügen können, und dieser hat mit der zeitlichen Unschärfe zu tun, auf die wir im zweiten Kapitel einen Blick geworfen haben. Gegen die Behauptung, dass die reichen Nationen angesichts ihrer Vergangenheit als Treibhausgasemittenten hätten handeln sollen, könnte jemand den Einwand erheben, dass ein Großteil des Schadens verursacht wurde, bevor die Mehrzahl der Bevölkerung in den fraglichen Ländern überhaupt geboren wurde. Sie denken möglicherweise, es riecht nach Erbsünde zu behaupten, dass ich für die ökologischen Verfehlungen meines Vaters verantwortlich bin. Ich habe es nicht getan. Er hat es getan. Vielleicht bin ich verantwortlich für meine eigenen winzigen Emissionen, aber nicht für die Emissionen meines Landes in der Vergangenheit.

Um diesen Einwand auf den Weg zu bringen, musste ich die Blickrichtung von der Verantwortung der Regierungen auf den Einzelnen und seine Verantwortung verändern. Es gibt viele derartige Wechsel in jeder Erörterung der moralischen Dimensionen des Klimawandels. Wir wissen alle, dass es ein Fehler ist, anzunehmen, dass Staaten genau die gleichen Eigenschaften wie Individuen haben können. Trotzdem können wir klar über staatliches Handeln, staatliche Absichten und Wünsche sprechen und tun dies auch, aber von Zeit zu Zeit müssen wir uns dessen versichern, dass wir, indem wir so reden und denken, keinen Fehler begehen. Wenn wir nur über das Handeln und die Verantwortung von Staaten sprechen, dann gibt es wahrscheinlich nicht viel Raum für den Gedanken, dass der heutige Staat nicht für das Handeln desselben Staates von vor 100 oder 200 Jahren verantwortlich ist. Es geht hier nicht um Erbsünde.

Auch wenn wir zugestehen, dass an der Behauptung etwas dran ist, es sei ungerecht, die Enkel für das Handeln ihrer Großeltern verantwortlich zu machen, greift der Einwand nur dann, wenn wir annehmen, dass das Handeln der Großeltern nichts mit dem Leben der Enkel zu tun hat. Wenn meine Großmutter während ihres Lebens an einem Autoraub teilgenommen hat, wäre es falsch, mir dafür die Verantwortung zuzuschieben. Ich hatte mit ihrem Handeln nichts zu tun und ihr Handeln nichts mit meinem Leben nach dem heutigen Stand der Dinge. Aber der Fall des Klimawandels liegt komplizierter. Shue argumentiert, dass die heute in der entwickelten Welt lebenden Menschen sehr wohl Nutznießer der Industrien ihrer Großeltern sind.[48] Es ist nicht wahr, dass das vergangene Geschehen nichts mit unserem gegenwärtigen Leben zu tun hat. Ausbildung, medizinische Versorgung und überhaupt unser der Lebensstandard sind größtenteils den industriellen Umtrieben vorangegangener Generationen geschuldet. Wir profitieren von den Emissionen der Vergangenheit, eben den Emissionen, die teilweise für den Klimawandel verantwortlich sind. Die Vorteile, die wir genießen, sind kausal mit dem gegenwärtigen und künftigen Leiden anderer Menschen verbunden. Sind wir daher nicht doch moralisch verpflichtet, etwas dagegen zu tun?

Ich ende hier, obwohl diese Erwiderungen noch viel weiter entwickelt werden könnten. Wir sind wohl kaum in der Lage, uns von der Geschichte zu lösen, aber nehmen Sie einfach einmal an, dass es uns irgendwie gelingt. Manche sind überzeugt, dass Weggucken genau das ist, was wir tun müssen, wenn wir eine Chance haben wollen, die größten Umweltverschmutzer an den Verhandlungstisch zu bringen. Können wir angesichts der existierenden Sachlage zu irgendwelchen Schlussfolgerungen in Bezug auf die moralische Verpflichtung zu Maßnahmen gegen den Klimawandel kommen?

Wir wissen bereits, dass die gegenwärtigen Emissionen alles andere als gleich verteilt sind. Es gibt verschiedene Wege, über Ungleichheit zu denken und darüber, was man gegen sie tun kann, aber wenn wir denken, die

Fairness erfordere es, dass eine begrenzte und wertvolle Ressource gleichmäßig verteilt wird, falls wir keine moralisch relevanten Kriterien für ein Abweichen haben, dann gelangen wir jetzt schließlich zu den gleichen Schlussfolgerungen wie bei der Betrachtung unserer Emissionen in der Vergangenheit: Wir kommen nicht daran vorbei, dass die industrialisierte Welt eine Verantwortung hat, ihre Emissionen zu verringern.

Manche beginnen einfach mit der falschen Vorstellung, dass jedermann auf der Erde einen gleichen Anspruch auf einen Teil der Kohlenstoffsenke hat. Wir werden im fünften Kapitel zu den Einzelheiten kommen, aber jetzt können wir zumindest festhalten, dass die rationale Erklärung solcher Vorschläge rückwärts- oder vorwärtsgewandt sein muss. Man kann die Überlegungen zum Klimawandel mit der Feststellung beginnen, dass manche Länder gegenwärtig mehr fossile Brennstoffe verbrennen und daher die begrenzten Absorptionsressourcen der Erde mehr als andere nutzen. Wenn wir denken, dass jeder einen Anspruch auf einen gleichen Anteil haben sollte und die Tatsachen unverändert bleiben, dann sollten die Länder, die mehr nutzen, augenblicklich handeln. Nach dieser Sichtweise sind es die reichen Staaten, die Format zeigen sollten, indem sie sich beschränken.

Dieser Punkt könnte dadurch untermauert werden, dass nicht nur über Emissionsberechtigungen, sondern auch über die unterschiedliche Leistungsfähigkeit von reichen und armen Staaten nachgedacht wird. Man kann sich dieser Leistungsfähigkeit von zwei Seiten nähern. Erstens haben reichere Nationen mehr Möglichkeiten für eine Verringerung und zweitens können die reicheren Nationen leichter mehr für die Verringerung bezahlen.

Betrachten Sie den Freiraum für eine solche Verringerung. Nicht alle Emissionen haben die gleiche Berechtigung. Es könnte sinnvoll sein, manchen Emissionen einen höheren Wert als anderen zuzubilligen, auch wenn die Menge der Emissionen identisch ist. Die Emissionen, die von den Anstrengungen eines afrikanischen Landwirts herrühren, der seine Familie zu ernähren versucht, können nicht mit den Emissionen verglichen werden, die aus dem Aufwand eines amerikanischen Dermatologen herrühren, der für ein Wochenende zum Glücksspiel nach Las Vegas reisen möchte. Es gibt einen bedeutenden Unterschied zwischen daseinserhaltenden Emissionen und Luxusemissionen, auch wenn es schwierig ist, diesen genau festzumachen.[49] Wenn sich herausstellt, dass es eine Art Emissionsgrenze für die Erde geben sollte, dann denken Sie möglicherweise, dass jeder dazu berechtigt sein sollte, so viele Treibhausgase auszustoßen, wie für die Lebenserhaltung nötig sind. Vielleicht sind diese Emissionen nicht verhandelbar. Wenn die daseinserhaltenden Emissionen unterhalb der weltweiten Grenze liegen und wir noch weiter verringern müssen, dann können wir nur die Verringerung der Luxusemissionen einfordern. Klar ist, dass die entwickelten Länder weit mehr von diesen Luxusemissionen ausstoßen als die sich entwickelnden Länder. Nehmen Sie an, dass 50 Prozent der Emissionen der Virgin Islands Luxusemissionen sind und alle Emissionen Ruandas daseinserhaltende Emissionen. Es ist klar, wer Spielraum für Verringerungen hat und wer nicht. Diesen Punkt zu bestreiten ist genauso, als würde man sagen, dass einige Ruander sterben sollten, damit einige Bewohner der Virgins Islands ihr Handy aufladen können.

Betrachten Sie nun die finanzielle Leistungsfähigkeit für eine Verringerung. Es gibt auch hier Auseinandersetzungen – Streit darüber, wie viel der Umstieg auf Ökostrom kosten wird, welche Einsparungen es durch die Nutzung effizienterer Energien geben wird, wie viel die Investitionen in neue Technologien kosten werden, wie viel es eine Gesellschaft kosten wird, ihre Bevölkerung umzusiedeln und so weiter. Wie auch immer dies ausfällt, es ist klar, dass die Verringerung Kosten verursachen wird. Es gibt auch noch weitere Kosten. Philosophen und andere unterscheiden zwischen Kosten, die mit Aktivitäten gegen Emissionen in Zusammenhang stehen, sogenannten „Schadensminderungskosten", und Ausgaben, die damit verbunden sind, mit den Veränderungen unseres Klimas zurechtzukommen, sogenannten „Anpassungskosten". Wenn wir die Geschichte ausklammern und nur über die gegenwärtige Leistungsfähigkeit nachdenken, könnte es gute Argumente dafür geben, dass die reicheren Länder den Großteil der Rechnungen bezahlen sollten.

Shue betont dies, indem er die Bezahlung nach Einheitspreisen mit Staffelpreisen vergleicht. Nehmen Sie an, drei von uns müssen ein gemeinsames Projekt finanzieren. Ich habe 100 Euro, Sie haben zehn Euro und Bob hat einen Euro. Sie argumentieren für etwas, was oberflächlich gesehen so gerecht wie möglich ist: einen Einheitspreis von generell zehn Prozent als unseren Beitrag zum Ziel. Ich zahle zehn Euro, Sie zahlen einen Euro und Bob gibt zehn Cent. Obwohl das gerecht erscheint, könnte es Bob trotzdem in den Bankrott treiben. Vielleicht sind die Gesamtbeträge, mit denen wir begonnen haben, unser Jahreslohn, und es kostet mindestens einen Euro pro Jahr, um zu leben. Sie und ich kommen bequem mit dem Mindestmaß für den Lebensunterhalt zurecht, aber Bob ist verloren. Das Geld ist für mich Kleingeld, aber für Bob bedeutet es Leben oder Tod. Obwohl der Einheitspreis gerecht aussieht, ist das, was wir von Bob verlangen, zu viel. Vielleicht hätten wir, was die Bezahlung angeht, unsere unterschiedliche Leistungsfähigkeit berücksichtigen sollen. Je größer die Leistungsfähigkeit, desto höher die Beitrags-Quote – so ähnlich ließe sich schlussfolgern.

Für Shue ist das Denken, das diese Schlussfolgerung untermauert, in einem Gleichheitsprinzip verankert: „Unter mehreren Parteien, die alle verpflichtet sind, etwas zu einer gemeinsamen Aufgabe beizusteuern, sollten normalerweise die Parteien mit den meisten Ressourcen das Meiste zu der Aufgabe beisteuern.“[50] Ich vermute, dass er noch weiter denkt – es geht nicht nur darum, über Beiträge und gemeinsame Aufgaben zu sprechen. Es hat etwas mit einem moralischen Prinzip zu tun, das wie folgt festgesetzt werden könnte: Je leichter ein Einzelner das Richtige zu tun vermag, umso größer ist seine Verpflichtung, das Richtige zu tun. Wenn Sie ein Kind in der Themse ertrinken sehen, müssen Sie einiges erklären, wenn Sie nicht versuchen, es zu retten. Sie müssen noch viel mehr erklären, dass Sie keinen Rettungsversuch unternehmen, wenn Sie zufällig ein gut ausgebildeter und körperlich leistungsfähiger Rettungsschwimmer sind.

Diese Gedanken können Ihnen folgenden Schluss nahelegen: Reiche Nationen haben nicht nur mehr Spielraum, um ihre Emissionen zu verringern und eine größere Leistungsfähigkeit für die notwendigen Veränderungen als ärmere Länder, sie haben auch noch vieles weitere mehr. Verglichen mit den Armen sind die Menschen, die in reichen Ländern leben, seit längerer Zeit gut ausgebildet, der Zugang zu technologischen Möglichkeiten ist einfacher, die Infrastruktur ihrer Länder ist besser, ihre Kapazität, Nahrungsmittel herzustellen und zu lagern, ist eindrucksvoll, es besteht eine gute Gesundheitsvorsorge, ihre Wohnstätten sind besser und so weiter. Kurz gesagt, haben entwickelte Länder die Mittel, ziemlich viel zu tun, um mit dem Klimawandel umzugehen. Sie sind gegenwärtig für fast alle denkbaren Maßnahmen am besten gestellt. Um Kant auf den Kopf zu stellen: Manchmal legt Können auch Sollen nahe.

Nachhaltigkeit

Es gibt viele Wege, über Nachhaltigkeit zu reflektieren; unserer ist nur einer davon.[51] Erinnern Sie sich noch einmal an das Kind, das Sie in der Themse sehen. Es braucht nicht viel, um den Schluss zu ziehen, dass Sie hineinwaten und das Kind retten sollten, sogar wenn es für Sie einen gewissen Aufwand bedeutet, da Ihre Kleidung nass und schmutzig wird. Sie können Ihre eigenen Gründe dafür haben, zu diesem Schluss zu kommen, und welche das auch sind, möglicherweise wird es für Sie nicht sehr wichtig sein, ob das Kind genau vor Ihnen ertrinkt oder tausend Kilometer weit entfernt in Afrika. Ihre Nähe zu dem Kind in Todesgefahr scheint eher unwichtig dafür zu sein, ob Sie versuchen sollten zu helfen oder nicht. Wenn Sie denken, dass Sie hineinwaten sollten, um das Kind genau vor Ihnen zu retten, was für Sie einen gewissen Aufwand bedeutet, so ist schwer vorstellbar, was Sie daran hindern könnte, zumindest einen Scheck für Oxfam auszustellen, um ein etwas weiter entfernt lebendes Kind zu retten. Unser Argument ist, dass sich aus der Entfernung kein moralischer Unterschied dafür ergibt, was Sie tun sollten. Beide Kinder sind wichtig. Sie können beiden helfen. Die Tatsache, dass eines einige Kilometer weit entfernt ist, ist moralisch nicht relevant.

Obwohl ich keinen Zweifel habe, dass die Entfernung für die Moral nicht wichtig ist, weiß ich auch, dass unsere Antworten komplizierter sind, als das, was die Vernunft fordert. Wenn Nähe keinen moralischen Unterschied macht, so macht es doch eine andere Art von Unterschied. Es ist ein Unterschied, den Weil festgestellt und gut formuliert hat:

> „Jeder, der in unserer Umgebung ist, übt durch seine bloße Anwesenheit eine bestimmte Kraft auf uns aus, eine Kraft, die nicht nur durch ihn alleine ausgeübt wird; das ist die Kraft, jede Bewegung, die unser Körper umreißt zu verzögern, zu unterdrücken oder zu verändern. Wenn wir wegen eines Passanten zur Seite gehen, ist das nicht das Gleiche, als wenn wir zur Seite treten, um nicht in eine Plakatwand zu laufen."[52]

Nähe spielt eben doch eine gewisse Rolle. Sie ist von Bedeutung, wenn wir die Straße hinuntergehen, und sie ist noch wichtiger, wenn wir direkt an dem ertrinkenden Kind vorübergehen. Jemanden unmittelbar vor unseren Augen in einer Notlage zu sehen, zerreißt uns das Herz, bewegt uns auf eine Weise, wie es das bloße Wissen über eine entfernte Notlage – sogar das Zusehen in den Nachrichten – nicht könnte. Auch wenn wir von dieser befremdlichen Tatsache wissen, so führt dies immer noch nicht zu der Überzeugung, dass die Entfernung nicht wichtig ist, wenn es darum geht, was wir tun sollten. Hume wusste, dass unsere moralischen Instinkte, die uns, wenn wir beispielsweise direkt mit einer Gewalttat konfrontiert sind, in Bewegung bringen, mit einem Pflichtgefühl verbunden sind, das aus den Überlegungen herrührt, was wir in anderen Fällen tun sollten. Wir können dieses Pflichtgefühl ohne die instinktive moralische Reaktion haben, und vielleicht erklärt dies den Unterschied unserer Reaktion gegenüber einem vor uns ertrinkenden Kind und dem in der Ferne verhungernden. Aber noch einmal: Der Unterschied ist nicht moralischer Natur. Wir wissen, wir sollten in beiden Fällen etwas tun.

Wenn aber schon räumliche Entfernung keinen moralischen Unterschied macht, dann ist schwer vorstellbar, wie zeitliche Entfernung bei der Frage wichtig sein könnte, was wir tun sollten. Möglicherweise dachten Sie, dass zeitliche Entfernung mehr Unbekannte mit sich bringt als räumliche Entfernung und dass uns dies irgendwie von unseren Pflichten gegenüber den künftig Lebenden freistellt. Ich bin dessen nicht so sicher. Möglicherweise kennen wir die Namen der Menschen nicht, die weit weg in Afrika leben, denen wir helfen sollten, wir wissen möglicherweise nicht, ob unser Geld oder unsere Nahrungsmittel ankommen, wir können nicht einmal viel über die genauen Auswirkungen unser Hilfsbemühungen wissen, vielleicht wissen wir nicht wirklich genau, was sie am dringendsten benötigen. Nichts von alledem ist wichtig, wenn es um die moralische Verpflichtung geht, etwas für ihr Leben zu unternehmen. Möglicherweise kommen Sie dahin, dass es keine Rolle spielt, wenn es um die moralische Verpflichtung geht, etwas für künftig Lebende zu tun.[53]

Diese Art, Nachhaltigkeit zu betrachten, kann dazu führen, dass sich alles ein bisschen nach Mildtätigkeit anhört. Wenn wir uns aber vorstellen, zur Rettung des Kindes ins Wasser zu waten, dann fühlt sich das, worüber wir nachdenken, nicht wie Mildtätigkeit an. Es fühlt sich an wie etwas, das wir tun müssen: Allein schon aus dem Grund, weil ein ertrunkenes Kind ein denkbar schlimmes Resultat ist, das unter beachtlichem Aufwand vermieden werden muss. Sie können auf die gleiche Weise für ein hungerndes Kind in Afrika fühlen und denken, dass Ihr Handeln nicht direkt Mildtätigkeit ist, sondern etwas, das auf einer tieferen Verpflichtung beruht – es ist kein übergebührlicher Akt der Güte, sondern ein moralisch gebotener. Das Gleiche kann für Anstrengungen gelten, um eine nachhaltige Zukunft sicherzustellen.

Es kamen – insbesondere als die Sorgen über die Umwelt oben auf die verschiedenen Tagesordnungen gelangten, bemerkenswerte neue Überlegungen über die Natur der Nachhaltigkeit auf. Es ist unschwer zu sehen, dass das Konzept an der Vorstellung hängt, dass, welche Ressourcen auch immer genutzt werden, nicht nur genug für eine künftige Nutzung übrig bleibt, sondern auch für eine fortwährende, unbeschränkte künftige Nutzung. Es wurde behauptet, dass nachhaltiges Leben oder nachhaltige Entwicklung darauf hinausläuft, auf Kosten der Einnahmen der Erde zu leben und nicht auf Kosten ihres Kapitals, und an dieser ziemlich unkomplizierten Denkweise ist etwas dran. Die wahrscheinlich einflussreichste Formulierung stammt aus dem Brundtland-Bericht an die Vereinten Nationen: Nachhaltigkeit „bedeutet den Bedarf der gegenwärtigen Generationen zu decken, ohne die Möglichkeit der künftigen Generationen zu gefährden, ihren eigenen Bedarf zu decken".[54]

Die Beweggründe für Verpflichtungen zur Nachhaltigkeit hängen gewöhnlich nicht von Gesprächen über die Unwichtigkeit von Entfernungen bei moralischen Überlegungen ab. Stattdessen wird manchmal behauptet, dass heute lebende Menschen kein Recht haben, den künftig lebenden dies oder jenes vorzuenthalten, aber die Rede über Rechte – insbesondere über die Rechte künftiger Menschen – kann schwierig sein. Es wird auch über ein Verwalteramt gesprochen, ein Gedanke, den ich ablehne, einfach deshalb, weil ich Schwierigkeiten habe, unser kürzliches Erscheinen auf der Erde als sehr wichtig für ihre langfristigen Perspektiven anzuerkennen. Ich sehe nicht ein, weshalb ein Primat, der gerade erst vom Baum gestiegen ist, ein Amt ausüben sollte.

Überzeugendere Beweggründe haben eher mit der Qualität künftigen Lebens zu tun, sogar mit der bloßen Möglichkeit künftigen menschlichen Lebens. Die zukünftige Lebensqualität hängt erheblich von der Welt ab, die wir in unserem Windschatten zurücklassen. Sie können auch über unsere Nutzung anderer Ressourcen nachdenken, aber richten Sie Ihr Augenmerk auf unsere Nutzung fossiler Brennstoffe. Wir wissen, dass die weitere Nutzung der fossilen Brennstoffe bei gleichbleibenden oder steigenden Werten eine irgendwie besonders grauenhafte Welt ergeben könnte – einen Planeten mit häufigeren Wetterextremen, steigenden Meeresspiegeln, Schwierigkeiten mit Ernten und Frischwasser, Überschwemmungen und so weiter, vielleicht sogar eine nahezu unbewohnbare Welt. Sie brauchen nicht lange für den Schluss, dass, wenn künftige Menschenleben für uns wichtig sind – wer auch immer diese sein mögen, die Welt, wie wir sie diesen Menschen hinterlassen, auch eine Rolle spielen sollte. Möglicherweise gehe ich nicht zu weit mit der Behauptung, dass einige unserer jetzigen gesellschaftlichen, nicht nachhaltigen Handlungen zum vermeidbaren Tod einer großen Anzahl von Menschen führen, zu noch mehr Umweltflüchtlingen, Krankheiten, Mangelernährung, Hunger, Kriegen und Leiden aller Art. All diesen unnötigen Schmerz durch nachhaltige Entscheidungen zu vermeiden hat, erhebliches moralisches Gewicht. Das ist eigentlich offensichtlich.

Schwieriger ist die Frage, wer durch die Anforderungen der Nachhaltigkeit gebunden sein sollte. Es war ein bisschen einfach, auf die reichen Nationen zu zeigen und zu sagen, dass Überlegungen zu vergangenheitsbezogenen Gerechtigkeitsprinzipien oder zur gegenwärtigen Leistungsfähigkeit automatisch dazu führen, dass sie gegen den Klimawandel vorgehen müssen. Die zur Debatte stehenden Handlungen haben offensichtlich viel mit Einschränkung und Verringerung von Emissionen zu tun, vielleicht auch damit, die Gürtel enger zu schnallen oder möglicherweise für Anpassungen in ärmeren Teilen der Welt zu zahlen. Wir stehen nun der unerfreulichen Möglichkeit gegenüber, dass auch die armen Länder ihren Gürtel werden enger schnallen müssen. Die Erfordernisse der Nachhaltigkeit treffen uns alle gleich. Wir müssen alle an das schlechte Leben der Menschen denken, die künftig leben. Gilt wirklich, dass die sich entwickelnden Länder von dem Anliegen einer nachhaltigen Zukunft geleitet werden sollten, sogar wenn dies große Veränderungen für das gegenwärtige Leben bedeutet – ein Leben, das gerade erst annehmbar wird, gerade erst frei von Armut? Und was ist mit denjenigen, die noch immer am Abgrund leben? Kann von einem Land mit einer Menge hungernder Menschen, um die es sich sorgen muss, wirklich erwartet werden, dass es sich über möglicherweise zukünftig Hungernde Gedanken macht? In all dem liegt etwas furchtbar Schreckliches. Manche dachten sogar, dass noch Schlimmeres dahintersteckt, und es wurde bereits behauptet, dass die reichen und mächtigen Staaten der Welt das Gerede über den Klimawandel als Entschuldigung dafür nutzen könnten, die sich entwickelnde Welt von der weiteren Entwicklung abzuhalten, um die Armen in Schach zu halten.

Es gibt aber auch optimistische Positionen mit der Hoffnung, dass die entwickelte Welt dafür sorgen wird, dass die sich entwickelnden Länder das Schlimmste der Industrialisierung überspringen, sich den anderen Ländern angleichen und nachhaltig leben werden. An einem schlechten Morgen können Sie Zweifel an dieser Hoffnung haben. Jeden Morgen, wie auch immer Sie es schaffen, darüber nachzudenken, scheint Nachhaltigkeit etwas von jedem von uns zu verlangen. Die moralische Last dieser elenden künftigen Leben kann erdrückend wirken.

Nicht Handeln

Wir alle beklagen die Kürze der Zeit sehr, und haben doch so viel, dass wir nicht wissen, was wir damit anfangen sollen. Wir verbringen unser Leben damit, nichts zu tun oder ohne Ziel zu handeln oder nicht das zu tun, was wir tun sollten. Wir beklagen uns immer, dass unsere Tage wenige sind und handeln als würden sie nie enden.

Seneca

Das letzte Kapitel hat Sie hoffentlich überzeugt, dass ein Vorgehen gegen den Klimawandel moralisch erforderlich ist. Eine große moralische Last liegt insbesondere auf den Schultern der entwickelten oder reichen Länder und auch der Druck auf die sich entwickelnde Welt, etwas zu unternehmen, ist stark. Teil der Debatte war, dass die entwickelte Welt einen unverhältnismäßig großen Teil der weltweiten Kohlenstoffabsorption genutzt hat und noch nutzt. Manche der bekannten Voraussetzungen erlauben Ihnen den Schluss, dass ziemlich drastische Emissionseinschnitte notwendig sind, die enorme Veränderungen in der Art erfordern, wie unsere Gesellschaften Energie generieren und nutzen. Bevor wir uns jedoch in etwas verrennen: Es gibt vielleicht gute Gründe, ernsthaftes Handeln zu verschieben oder zu vermeiden, vielleicht nur kleine Schritte zu unternehmen oder nichts zu tun. Im folgenden Kapitel werden wir einige für Nichtstun angeführte Gründe betrachten.

Unsicherheit

Einige der weltweit größten Umweltverschmutzer haben ihr Nichtstun mit der Unsicherheit der Wissenschaft über den Klimawandel begründet. In einer vorbereiteten Erklärung, in der die Regierung das Scheitern der Ratifizierung des Kyoto-Protokolls begründet, behauptet George W. Bush:

> „[...] wir wissen nicht, welche Auswirkungen natürliche Klimaschwankungen auf die Erwärmung möglicherweise hatten. Wir wissen nicht, wie stark sich unser Klima zukünftig verändern könnte oder wird. Wir

wissen weder wie schnell Veränderungen auftreten noch wie unsere Maßnahmen sich auswirken werden."[55]

Diese Unsicherheit ist möglicherweise der am häufigsten genannte Grund, wenig oder nichts gegen den Klimawandel zu tun. Im Folgenden geht es um die Sorgen, die sich aus dieser Unsicherheit ergeben. Es verursacht Kosten, etwas gegen den Klimawandel zu tun. Vielleicht kostet es viel. Wenn ein Staat Mittel an den Umgang mit dem Klimawandel bindet, dann trifft er augenscheinlich eine Vielzahl von Entscheidungen, nimmt den einen etwas und nicht den anderen. Denken Sie nur an die wirtschaftlichen Entscheidungen, die für viele Menschen die wichtigsten sind. Geld, das man, sagen wir: für die Abkehr von fossilen Brennstoffen ausgibt, ist Geld, das man nicht für andere Dinge ausgeben kann, wie Bildung, Straßen, Wohnungen und Verteidigung. Diese Dinge machen einen Unterschied im Leben der Menschen, also der Wähler, und sie können realer und drängender wirken als die entfernte Bedrohung durch ein paar zusätzliche Zentimeter Meeresspiegel. Schlimmer noch: Was ist, wenn wir hinsichtlich des Klimawandels falsch liegen? Was ist, wenn wir am Ende Geld verschwendet haben, das man anderweitig nutzbringend hätte investieren können?

Es ist leicht, sich diese Sorgen zu machen, und es ist wahrscheinlich noch viel leichter, wenn man eine Politikerin ist, die ihren Job behalten will, die ihre Entscheidungen den Menschen erklären muss, die einen Teil der Staatsausgaben haben möchte. Auch für Beamte ist es wichtig, die nicht nur ihre Arbeit, sondern das Beste oder das Richtige tun wollen. Wenn man in der Haut eines Politikers steckt, muss man, bevor man in ein Problem Geld steckt, zunächst vernünftig überlegen, man muss sicher sein, dass ein Problem vorhanden ist, und man muss sicher sein, dass man weiß, was man dagegen unternimmt. Wir werden manch andere Unsicherheit – die mit der Wirtschaft als solcher zusammenhängt – bis zum nächsten Abschnitt beiseite lassen. Was nun benötigt wird, ist Sicherheit oder zumindest ein starkes Vertrauen in die Wissenschaft des Klimawandels – aber wir reden hier über das Wetter! Wir wissen nicht mit Sicherheit, ob es morgen regnen wird; wie können wir also wohl von Überschwemmungen im Jahre 2050 wissen? Ist diese Art des Denkens gut begründet? Liegt Bush richtig damit, zu behaupten, dass wir nicht wissen, wie hoch die Auswirkungen der natürlichen Schwankungen des Klimas auf die Erwärmung waren, wie stark unser Klima sich verändern wird oder wie schnell die Veränderung auftreten wird? Und noch wichtiger: Ist diese Art von Unsicherheit ein Beweggrund dafür, wenig oder nichts zu tun?

Sie haben im ersten Kapitel viel darüber gehört, was wir wissen. Sie haben insbesondere gehört, dass der Treibhauseffekt gut erforscht ist. Wir wissen auch, dass wir die Menge der Treibhausgase in der Atmosphäre erhöhen, indem wir fossile Brennstoffe verbrennen und das Land auf bestimmte Weise nutzen. Wir wissen, dass dies die Erde erwärmt – wir können eine Erwärmung zwischen 1,1 und 6,4 Grad Celsius in diesem Jahrhundert erwarten. Wir wissen, dass ein wärmerer Planet Hitzewellen, Wetterextreme, neue Gebiete für die Übertragung von Krankheiten, Veränderungen für Ernten und die Verfügbarkeit von Wasser und so weiter mit sich bringen wird. Es wird uns nicht wehtun, ein bisschen konkreter zu werden.

Der Weltklimarat sagt uns, dass die Erwärmung des Klimasystems „eindeutig" sei.[56] Er hat „*sehr hohes Vertrauen*, dass der globale durchschnittliche Netto-Effekt der menschlichen Aktivitäten seit 1750 eine Erwärmung war". Der Weltklimarat formuliert, was er mit „sehr hohes Vertrauen" meint: Die Aussage ist in mindestens neun von zehn Fällen richtig. Es ist „fast sicher" (die Auftrittswahrscheinlichkeit liegt nach der Definition des Weltklimarats bei mehr als 99 Prozent), dass unsere Zukunft durch wärmere und weniger kalte Tage und Nächte über den meisten Landflächen charakterisiert sein wird, ebenso wie durch wärmere und häufigere heiße Tage und Nächte. Es ist sehr wahrscheinlich (eine Eintrittswahrscheinlichkeit von mehr als 90 Prozent), dass die Häufigkeit von Hitzewellen und Starkniederschlagsereignissen zunimmt. Es ist wahrscheinlich (eine Eintrittswahrscheinlichkeit von mehr als 66 Prozent), dass die von Dürren betroffenen Flächen zunehmen werden, ebenso wie die Aktivität von Taifunen und Hurrikans. Der Anstieg der Niederschlagsmenge in hohen Breiten ist sehr wahrscheinlich (eine Eintrittswahrscheinlichkeit von mehr als 90 Prozent), und auf subtropischen Landflächen ist ein Rückgang sehr wahrscheinlich.

Diese Prognosen gelten nur für unser Jahrhundert. Darüber hinaus werden die Dinge wirklich ein bisschen unklar. Der Weltklimarat sagt zum Beispiel, dass es sehr unwahrscheinlich ist (eine Eintrittswahrscheinlichkeit von weniger als zehn Prozent), dass atlantische meridionale Umwälzungsströmungen wie der Golfstrom sich vor dem Jahr 2100 abrupt ändern werden. Sie können die Statistik drehen und wenden und sich selbst mit dem Gedanken Angst machen, dass es nach heutigem Wissen eine Wahrscheinlichkeit von zehn Prozent gibt, wonach unsere heutigen Aktivitäten zu einem „großen abrupten Wandel“ noch in unserem Jahrhundert führen.

Es ist jedoch sehr wahrscheinlich (eine Wahrscheinlichkeit von mehr als 90 Prozent), dass die Zirkulation im Atlantik sich nur kurzfristig abschwächen wird. Langfristigere Veränderungen können jedoch nicht genau eingeschätzt werden. Bedenken Sie, dass es um das Fließen der Umwälzströmung geht, die England und Europa im Allgemeinen zu einer grünen und klimatisch günstigen Landmasse macht – zumindest zu einer milderen Gegend als andere Orte desselben Längengrades wie beispielsweise Grönland. Es scheint fast sicher, dass unsere Aktivitäten dies verändern, dennoch bleibt eine gewisse Unsicherheit: Wir wissen nicht, wie dramatisch die Veränderungen sein werden und wie schnell das Drama sich ereignen wird. Wenn das nicht beunruhigend ist, dann vielleicht die folgende Unsicherheit.

Nach dem Jahr 2100 könnte das Schmelzen des Grönlandeisschildes und sein Beitrag zum Anstieg des Meeresspiegels für einen Großteil der Menschheit besorgniserregend ausfallen. Wenn die Temperaturen, verglichen mit dem vorindustriellen Niveau, um einen Wert zwischen 1,9 und 4,6 Grad Celsius ansteigen – und das werden sie nach vielen Modellen tun – und wenn dieser Anstieg lange genug andauert, wird Grönlands Eis komplett abschmelzen. Dies würde den Meeresspiegel weitere sieben Meter erhöhen. Das reicht zur Überflutung jeglicher niedrig gelegenen Regionen, die man sich denken kann: große und stark bevölkerte Teile von China, Indien, Bangladesch, Ägypten, wahrscheinlich die gesamten Niederlande, ebenso Städte wie New York, Washington, Tokio und London. Es gibt hier eine Unsicherheit – wir wissen nicht wirklich, ob Grönland vollständig schmelzen wird, aber diese Unsicherheit macht mich zumindest nervös.

Unsicherheiten wie diese, die mit den Aussichten für den Golfstrom und das Grönlandeis zusammenhängen, erhöhen die Motivation, gegen den Klimawandel vorzugehen. Wenn es viel zu verlieren gibt, muss man nicht völlig sicher sein, um vorbeugende Maßnahmen zu ergreifen, oder?

Der Weltklimarat gesteht dennoch eine Vielzahl kurzfristiger Unsicherheiten zu. Wir verstehen weder völlig, wozu die Kohlenstoffsenke der Erde fähig ist, noch ist uns der Einfluss von Wolken auf das Ausmaß des Klimawandels klar. Wir verstehen nur im Ansatz die Wirkung von Ozeanen und Eisschilden auf unser Klima. Die gefürchteten positiven Rückkopplungsmechanismen werden auch nur allmählich sichtbar. Je mehr Zeit verstreicht, umso besser verstehen wir all dies, aber es ist beunruhigend, dass wir unsere Schätzungen der Temperaturanstiege desto mehr nach oben und die zeitlichen Rahmen nach unten korrigieren müssen, je mehr wir wissen.

Es ist nur wichtig zu begreifen, worin die Unsicherheit liegt. Viele Dinge, die wir noch nicht so genau verstehen, die der Weltklimarat und andere auf verschiedene Weise darstellen, machen uns hinsichtlich des zeitlichen Ablaufs, des Ausmaßes und des regionalen Verlaufs des Klimawandels unsicher. Was nicht in Zweifel steht, ist die Tatsache des sich wandelnden Klimas und die Rolle des Menschen hierbei. Wir wissen, dass wir die Erde erwärmen, und wir wissen, wie wir das tun. Wir sind weder ganz sicher, wie heiß es wird und wie schnell sich die Erde erwärmen wird, noch können wir genau sagen, wo es Wüsten, Trockenheit, Überflutungen, Feuer, Missernten und Flüchtlinge geben wird. Es gibt viele Dinge, über die wir gegenwärtig nicht sicher sein können, aber der Weltklimarat warnt finster, dass wir auch „Überraschungen nicht ausschließen können“. Wir wissen nicht, was mit Grönland und dem Golfstrom passieren wird.

Denken Sie noch einmal an die Politikerin, die sich Sorgen über ihre Ausgaben macht. Bei zumindest zwei Aspekten ist sie sich ungewiss. Sie muss überzeugt sein, dass es ein Problem gibt, und sie muss wissen, was sich dagegen unternehmen lässt. Es gibt keinen Zweifel mehr an einem Klimawandel. Es steht auch nicht infrage, dass das Problem ernst ist. Wissen wir, was wir dagegen tun können? Wir haben zumindest eine Vorstellung von einer Antwort: Wir sollten jetzt versuchen, die schlimmsten möglichen Veränderungen unseres Klima durch die Verringerung der Treibhausgasemissionen abzuwenden, und wir sollten uns bestmöglich auf die Veränderungen vorbereiten, die bereits begonnen haben. Die Unsicherheit betrifft wirklich nur den zeitlichen Ablauf und das Ausmaß der erforderlichen Einschnitte und Vorbereitungen. Wir wissen nicht, wie schnell die Veränderungen in unserer Gesellschaft erfolgen müssen oder wie groß sie sein müssen. Wir wissen nicht, wie lange wir noch in gewohnter Weise weiterleben können – etwa mit unserem hohen Energieverbrauch. Wenn wir das so sagen, führt es vielleicht dazu, dass unser Hin und Her bezüglich der Maßnahmen gegen den Klimawandel eigennützig klingt. Vielleicht ist es auch so simpel.

Verwerfen Sie diesen abstoßenden Gedanken und richten Sie stattdessen Ihre Aufmerksamkeit auf die Unsicherheit, der wir ins Auge sehen. Wir wissen, dass es vor uns Gefahren gibt, aber wir wissen nicht genau, was wir tun sollen oder wann genau wir es tun sollen. Ist diese Art der Unsicherheit Grund genug, wenig oder nichts zu tun? Es ist hilfreich, sich einen einfacheren, aber ähnlichen Fall vorzustellen. Nehmen Sie an, Sie ziehen den Kauf eines Hauses in Betracht, das an einer Steilküste liegt und einen schönen Ausblick bietet. Sie haben von der Erosion an den Küsten gehört und entschließen sich, eine Begutachtung durchführen zu lassen. Das Gutachten besagt, dass die Erosionsrate in den letzten 100 Jahren ziemlich gering war, aber dass es Grund für die Annahme gibt, dass diese Geschwindigkeit sich erhöht. Letzten Endes wird das Haus unbewohnbar – vielleicht in 50 oder 100 Jahren oder auch früher, aber das ist unwahrscheinlich. Sie können nicht umhin zu denken, dass es einen tollen Blick hat. Sie machen ein paar schlechte Witze darüber, „am Abgrund" zu leben und kaufen das Anwesen trotzdem. Sie schließen jedoch eine Versicherung ab für den Fall, dass das Schlimmste eintritt. Es war richtig, dass Sie das Gutachten haben erstellen lassen. Es war richtig, eine Versicherung abzuschließen.

Wenn man mit dieser Art von Unsicherheit konfrontiert ist – einer Unsicherheit, bei der es nicht um die Tatsache einer künftigen Katastrophe geht, sondern darum, was man jetzt dagegen tun kann –, dann ist es sinnvoll, Vorsichtsmaßnahmen zu ergreifen. Diese Unwägbarkeit ist ein Grund zu handeln, und keiner dafür, es zu unterlassen. Es wäre seltsam, jemanden sagen zu hören: „Ich weiß, dass das Haus letztendlich über die Klippe fallen wird, aber ich bin mir nicht sicher, wann. Also werde ich nichts dagegen unternehmen." Sie setzen so einen Menschen am besten auf einen Stuhl und reden noch einmal eindringlich mit ihm. Sie könnten auch überlegen, ihn ein bisschen zu schütteln.

Es gibt viele Variablen, die ins Spiel kommen, wenn wir Entscheidungen trotz einer gewissen Unsicherheit treffen. Ihr Ausmaß macht offensichtlich den entscheidenden Unterschied. Wenn es nur eine geringe Wahrscheinlichkeit gegeben hätte, dass die Klippe erodiert, dann wären unsere Schlussfolgerungen über den Kauf des Anwesens und den Abschluss einer Versicherung möglicherweise anders ausgefallen. Das Gefahrenniveau spielt eben auch eine Rolle. Wenn wir uns über etwas weniger Dramatisches Sorgen machen würden, als dass das Haus von der Klippe stürzt – vielleicht denken wir nur über die Gefährdung eines abseits gelegenen Gartenschuppens nach –, dann wandelt sich möglicherweise auch unsere Einstellung, was zu tun ist. Manchmal ist bei unseren Entscheidungen Eile geboten und diese Tatsache allein kann uns trotz der Unsicherheit zum Handeln zwingen. Vielleicht würde ich gerne mehr über die Risiken wissen, dass die Klippenwand erodiert, aber ich weiß, dass noch andere Käufer um das Anwesen herumscharwenzeln, also handle ich schneller, als ich es ansonsten tun würde. Wen wir durch unser Handeln einem Risiko aussetzen, kann auch wichtig sein. Möglicherweise verzeihen Sie es mir, wenn ich alleine in das Haus einziehe – vielleicht bringe ich mich selbst in Gefahr, aber ich tue es bei vollem Bewusstsein. Wenn ich weiß, dass der Ort gefährlich ist, und ich verkaufe ihn stillschweigend an eine ahnungslose Familie, dann würden Sie mich richtigerweise dafür verurteilen, dass ich andere einer Gefahr ausgesetzt habe. Vielleicht spüren Sie sogar eine Verpflichtung, mich aufzuhalten.

Denken Sie einmal über diese Variablen und den Klimawandel nach. Wir sollten uns durch das Maß an Unsicherheit bezüglich des Klimawandels nicht beirren lassen. Wie wir gerade gesehen haben, besteht dort, wo es darauf ankommt, eine Menge Sicherheit. Ferner erfordert schon die Art der Unsicherheit durchaus Handeln und nicht Nichtstun. Das Gefahrenniveau scheint mehr als hoch genug, um etwas zu unternehmen. Wenn es richtig ist, dass der Handlungsansporn im Verhältnis zum Gefahrenniveau stehen sollte, dann sollten Gedanken an schreckliche Prognosen ausreichen, um zu Gegenmaßnahmen zu führen. Unsere Entscheidungen sind wahrlich dringend. Die Erde verändert sich bereits und sie wird sich weiter wandeln, bevor es uns gelingt, jede belanglose Unsicherheit zu auszuräumen. Es ist klar, dass wir, lange bevor wir einige der Auswirkungen des Klimawandels sehen, werden handeln müssen, wenn wir diese vermeiden wollen – es braucht Zeit, gesellschaftliche Veränderungen zu implementieren, und diese Veränderungen benötigen eine Weile, bis sie sich auf unserer Erde bemerkbar machen. Wahrscheinlich können wir nicht warten, bis wir die Auswirkungen der schlimmsten Veränderungen spüren. Schließlich setzen wir auch noch unschuldige Menschen einem Risiko aus, wenn wir so wie bisher weitermachen. Wir haben schon dargelegt, dass die Tatsache, dass manche dieser Menschen weit weg sind und andere noch nicht geboren wurden, für uns keinen moralischen Unterschied machen sollte. Diese Gedanken, obwohl sie nur grob umrissen sind, stimmen mit unseren täglichen, ohne großes Nachdenken vorhandenen Vorstellungen von Gefahr, Risiko, Unsicherheit und Handeln überein. Wir könnten dies weiter zuspitzen, doch was wir haben, reicht mir, um zu dem Schluss zu kommen, dass Unsicherheit kein Grund ist, nichts gegen den Klimawandel zu tun. Andere Arten der Unsicherheit sind sicher denkbar, und wir werden einige von ihnen in Kürze beleuchten. Wenn Ihnen diese Feld-Wald-und-

Wiesen-Gedanken über unsere Unsicherheit nicht genügen, nehmen Sie vielleicht Unterstützung durch ein oder zwei hochstehende moralische Prinzipien an.

Viele Überlegungen zu Themen in diesem Umfeld werden durch das Vorsorgeprinzip geleitet. Vielleicht liegt in der Nähe des moralischen Fundaments das Schadensprinzip oder das allgemeine Verbot, anderen ohne Anlass bewusst zu schaden. Ich bin vorsichtig mit dem Vorsorgeprinzip, denn ich nehme an, dass die skizzierten Gedanken ausreichen, um fortzufahren, und ich bin mir nicht so sicher, wie man die vielen Versionen dieses Prinzips interpretieren soll, gar nicht zu sprechen von den Begleitfolgen dieser vielen Versionen. Mein Argwohn braucht Sie aber nicht davon abzuhalten, sorgfältig nachzudenken oder es sogar zu akzeptieren, wenn es Ihnen zusagt.

Das Vorsorgeprinzip wird verschieden ausgelegt.[57] Fragwürdige Darstellungen scheinen alle Handlungen zu beschränken, für die nur das geringste Risiko von Nachteilen besteht. Plausiblere Beschreibungen vertreten, dass, wenn die Auswirkungen einer Technologie oder Anwendung nicht vollkommen klar sind, die Beweislast bei sicherhaltsrelevanten Aspekten bei den Fürsprechern der infrage stehenden Technologie oder Anwendung liegt. Wenn ich einige Zweifel bezüglich Ihrer genetisch veränderten Bohnen habe, ist es an Ihnen, diese Zweifel zu auszuräumen. Bis dahin gehen wir auf Nummer sicher und halten Ihre seltsamen Bohnen vom Boden fern.

Es gibt aber sogar mit dieser oberflächlichen Darstellung des Prinzips Schwierigkeiten. Was ist, wenn meine Zweifel unbegründet sind? Wenn Sie die Bohnen verändert haben, wissen Sie wahrscheinlich viel mehr über die damit verbundenen Gefahren als ich. Warum sollten also meine Zweifel so viel mehr zählen als Ihr Wissen? Andererseits: Wenn Sie die Bohnen verändert haben, haben Sie vielleicht ein Interesse daran, dass die dahintersteckende Technologie vorwärtskommt – vielleicht sind Sie geneigt, Ihre eigenen begründeten Zweifel zu ignorieren. Wenn wir schon beim Thema sind: Was zählt als begründeter Zweifel? Sie können die Argumente verstehen, trotzdem beiseite schauen und auf Vernunft aller an der Debatte Beteiligten hoffen, obwohl es hoffnungslos ist. Sie können auch die fragwürdigen Darstellungen außer Acht lassen und ihre Aufmerksamkeit einfach auf die angesichts unserer Zwecke überzeugendste Sichtweise richten.

In der Erklärung von Rio, die von über 160 Staaten auf dem Weltgipfel im Jahre 1992 verabschiedet wurde, steht Folgendes:

„Zum Schutz der Umwelt wenden die Staaten im Rahmen ihrer Möglichkeiten allgemein das Vorsorgeprinzip an. Drohen schwerwiegende oder bleibende Schäden, so darf ein Mangel an vollständiger wissenschaftlicher Gewissheit kein Grund dafür sein, kostenwirksame Maßnahmen zur Vermeidung von Nachteilen für die Umwelt aufzuschieben."

Diese Formulierung des Prinzips bewirkt einiges. Es erinnert uns daran, dass wir nicht vollkommen sicher bezüglich eines Umweltschadens sein müssen, um gegen die Möglichkeit vorzugehen. Es erinnert uns auch daran, dass man möglicherweise weiß, dass ernsthaft etwas unternommen werden sollte, dass man aber über die Art des erforderlichen ernsthaften Vorgehens Zweifel haben kann. Diese Zweifel, diese Unsicherheit sollten nicht mit der Unsicherheit über die Notwendigkeit einer Handlung selbst verwechselt werden. Sie können keine plausible Begründung sein, Vorsorgemaßnahmen zu verschieben.

Kosten

Es gibt einige Überlegungen hinsichtlich der Schlussfolgerung, dass wir aufgrund der untragbaren Kosten ein Vorgehen gegen den Klimawandel vermeiden sollten. Möglicherweise wird ganz einfach behauptet, dass ein Vorgehen gegen den Klimawandel einfach viel zu teuer würde. Schon deshalb sollten wir gar nichts tun. Obwohl sie ziemlich töricht ist, zielt diese Schlussfolgerung doch genau auf das Leben der Menschen ab. Deshalb wies Bush wohl auch auf wirtschaftliche Sorgen hin, als er Kyoto seine Zustimmung verweigerte. Bush sagte, „es hätte negative wirtschaftliche Auswirkungen, die mit Entlassungen von Arbeitern und Preisanstiegen für Konsumenten verbunden wären, die Vorgaben zu erfüllen".[58] Prominente Australier haben kürzlich dasselbe behauptet. Ohne Weckrufe muss das Argument für diesen oder jenen Vorschlag für Maßnahmen gegen den Klimawandel einfach zurückgewiesen werden, da dies der Wirtschaft schadet, zu Jobverlusten führt, vielleicht unseren gegenwärtigen Reichtum oder Lebensstandard ruiniert.

Nach Stand der Dinge liegt darin etwas Bösartiges. Im letzten Kapitel hörten Sie eine ganze Menge über die moralischen Forderungen zu handeln. Können diese Forderungen durch das Gerede über Ausgaben zunichtegemacht werden? Würden Sie es jemandem verzeihen, wenn er eine moralische Verpflichtung versäumt, nur weil er meint, dass es für ihn zu teuer sein könnte? Er würde lieber seinen Bermuda-Urlaub nicht aufgeben, selbst wenn die Kinderbetreuungskosten warten müssen. Wenn Sie ein wenig über die Ursachen und Auswirkungen des Klimawandels nachdenken, zum Beispiel unser komfortables, energieintensives Leben mit dem Leiden vergleichen, das die Treibhausgasemissionen in Zukunft verursachen, so können Sie folgern, dass das Umgehen von Maßnahmen gegen den Klimawandel einfach weil es teuer sein könnte, bedeutet, anderen Menschen für Geld Leiden zuzufügen. Das ist das Bösartige daran.

Man kann allerdings anerkennen, dass es moralische Verpflichtungen zum Handeln gibt, aber dies berechtigterweise an das Ziel koppeln, das Geld mit Sicherheit richtig auszugeben. Es gibt zahlreiche Abhandlungen zur Ökonomie des Klimawandels, die eine Vielzahl von Modellen und Vorhersagemethoden anwenden, die generell betrachtet in zwei Richtungen gehen.

Manche resultieren darin, dass wir wegen des Klimawandels nicht zu viel ausgeben sollten.[59] Die vielleicht berühmtesten und kontroversesten Behauptungen in diesem Zusammenhang stammen von Lomborg. Er behauptet, dass wir unser Geld ausgeben sollten, um mit einer Vielzahl sozialer Probleme fertig zu werden: HIV, Unterernährung, Handelsschranken, schlechtes Trinkwasser, Malaria und so weiter. Der Klimawandel sei nur eines der weltweiten Probleme. Er ist der Ansicht, dass wir mehr Gutes tun können, wenn wir unser Geld in die Lösung anderer Dinge stecken und lediglich eine relativ kleine Summe der Forschung und Entwicklung erneuerbarer Energien widmen. Er behauptet zum Beispiel, dass die Implementierung des Kyoto-Protokolls die Welt jedes Jahr mindestens 180 Milliarden britische Pfund kosten würde, und was wir dafür bekommen würden, sei nicht viel: nur eine kleine Verzögerung bei der Erderwärmung. Viel weniger, ungefähr 80 Milliarden britische Pfund jährlich, würde jedem Menschen der sich entwickelnden Welt Zugang zu grundlegender Gesundheitsfürsorge, Ausbildung, Wasser und sanitären Einrichtungen verschaffen. Es würde uns zwar viel kosten, etwas gegen den Klimawandel zu unternehmen, aber wir würden für diese Kosten im Gegenzug nicht viel künftigen Nutzen für die Menschheit erhalten und wir könnten deswegen dieses Geld genau jetzt lieber für andere Dinge ausgeben.

Andere Analysen – insbesondere die im Stern-Bericht vorgebrachten – führen zu einer ganz anderen Schlussfolgerung: Der Nutzen eines deutlichen, frühen Einschreitens gegen den Klimawandel überwiegt beträchtlich die Kosten.[60] Wenn man nichts oder jedenfalls wenig tut, um die Treibhausgasemissionen einzudämmen, so wird dies die Welt, so behauptet Stern, zumindest fünf Prozent ihres jährlichen Bruttosozialprodukts kosten. Wenn sich eines der schlimmsten Szenarien realisiert, dann könnten die Kosten bis zu zwanzig Prozent des weltweiten jährlichen Bruttosozialprodukts betragen. Auf den Einzelnen bezogen bedeutet dies, dass jeder Mensch auf der Erde etwa ein Fünftel ärmer sein wird, als er es sein könnte, falls wir nicht augenblicklich wirksame Gegenmaßnahmen ergreifen. Das ist natürlich ein Durchschnittswert und bedeutet, dass einige Menschen viel, viel schlimmer dran sein könnten. Wenn es uns nicht gelingt, genug zu tun, so behauptet Stern darüber hinaus, dann seien die kommenden großen wirtschaftlichen und sozialen Brüche „von einer ähnlichen Größenordnung wie die, die mit den großen Kriegen und der Wirtschaftskrise in der ersten Hälfte des 20. Jahrhunderts verbunden waren“. Es ist nicht schwer, sich vorzustellen, dass die Dinge sogar noch schlimmer werden. Die Kosten, die mit ernsthaften Maßnahmen zur Beschränkung der Emissionen verbundenen sind, könnten jedoch auf nur ein Prozent des jährlichen weltweiten Bruttosozialprodukts beschränkt werden. Das ist immer noch viel Geld, aber wenn wir es jetzt ausgeben, könnte es nicht nur sicherstellen, dass wir, wirtschaftlich gesprochen, das Schlimmste vermeiden, sondern auch, dass unsere Volkswirtschaften eine Chance auf weiteres Wachstum haben. Wenn wir jetzt viel einbringen, dann wird uns das nicht nur vor einer Katastrophe bewahren, sondern die Investition wird sogar eine Dividende abwerfen.

Der Weltklimarat stellt seinerseits fest, dass eine Durchsicht des Schrifttums über die Ökonomie des Klimawandels insbesondere eine große Bandbreite bei den externen Kosten der Kohlenstoffemissionen zeigt sowie generell eine Anzahl unterschiedlicher wirtschaftlicher Variablen.[61] Das ist größtenteils „unterschiedlichen Annahmen bezüglich Klimasensitivität, Reaktionsverzögerungen, Umgang mit Risiken und Gerechtigkeit, wirtschaftlichen und nicht-wirtschaftlichen Folgen sowie der Einbeziehung potenziell katastrophaler Verluste und Diskontraten“ geschuldet. Mit anderen Worten, die verschiedenen Modelle, die bei der volkswirtschaftlichen Analyse des Klimawandels angewandt werden, hängen wieder von einer Vielzahl von Annahmen ab, und die, die man trifft, können eine dramatische Auswirkung auf die Aussage des Modells haben und schließlich auf die möglichen Kosten der einzelnen Vorschläge, um dem Klimawandel zu begegnen. Beurteilungen beziehen Werturteile mit ein; es ist fast unnötig zu sagen, dass vernünftige Menschen damit nicht einverstanden sein können.

Während mit einigen Aspekten des Klimawandels Gewissheit verbunden ist, gibt es in der Wissenschaft, wenn wirtschaftliche Einschätzungen zählen, beträchtliche Ungewissheit: Es ist nämlich schwer, genau zu sagen, wo und wann die Schwierigkeiten örtlich auftreten werden. Ungewisse Schäden genau zu beziffern, ist nicht leicht. Vielleicht ist es gar nicht möglich. Es ist auch schwer, irreversible Schäden für die Erde zu bewerten. Wie könnte man dem Verlust einer ganzen Art, eines Ökosystems oder eines Menschen einen Geldwert beimessen? Wie viel ist Ihnen der antarktische Eisschild wert? Wenn Sie mögen, können Sie die Sache für sich noch etwas verworrener machen, wenn Sie feststellen, dass keine Einigkeit besteht, wie wichtig etwa ein Regenwald ist. Diese Meinungsverschiedenheit ist nicht notwendigerweise nur mengenbezogen. Kann sich meine ästhetische Beurteilung mit der Sicht eines Ortsansässigen messen, der darin eine wertvolle Nahrungs- und Holzquelle sieht? Was ist mit dem Wert, den ein anderer Ortsansässiger dem Regenwald beimisst, der ihn als seine geistige Heimat empfindet? Wie bringen wir das mit der Vorstellung eines anderen überein, der ihn zur Kohlenstoffabsorption benötigt? Man kann die Dinge sogar noch weiter treiben, wenn man bemerkt, dass nicht allein unsere Beurteilungen eine Rolle spielen müssen. Welchen Wert wird dieser Wald für die nächste Generation haben oder für die übernächste und alle kommenden? All deren Interessen sind auch wichtig.

Diese Betrachtungen deuten darauf hin, dass wirtschaftlichen Analysen etwas voraus gehen sollte, nämlich unsere Gedanken, was für uns wichtig ist – was wir wertschätzen. Damit will ich weit mehr sagen, als dass ökonomische Modelle nicht hoffen dürfen, kommende Vielschichtigkeiten und Ungewissheiten berücksichtigen zu können. Es geht nicht darum, diese oder jene Diskontrate oder die Sensitivität dieses oder jenes Modells abzulehnen. Die Forderung lautet vielmehr, dass Überlegungen zu allgemeinen Werten konzeptionell im Vorfeld von Überlegungen zu wirtschaftlichen oder monetären Werten liegen sollen. Wir müssen zunächst über Ersteres Klarheit schaffen, bevor wir mit Letzterem einen Schritt weiterkommen.

Wenn dies in etwa der richtige Weg ist, über die Kosten des Klimawandels nachzudenken, dann scheint klar, dass unsere Schlussfolgerungen über das Vorgehen nicht nur allein von den entstehenden Kosten abhängen können. Unsere Schlussfolgerungen über die Kosten des Handelns hängen von unseren Vorstellungen ab, welche Dinge uns wichtig sind. Diese Annahmen, die eine große Auswirkung auf unser ökonomisches Weltbild haben, liegen selbst außerhalb der Ökonomie. Es müssen Fragen zu Werten gestellt werden und nicht zu den Kosten. Wenn man die Kosten voranstellt und behauptet, dass die Kosten die Schlussfolgerungen beeinflussen und dadurch zeigen, welche Werte wir haben, wird damit quasi das Pferd von hinten aufgezäumt.

Rettung durch Technik

Überlegungen zur Technologie im Zusammenhang mit Maßnahmen gegen den Klimawandel lassen sich am besten in zwei Kategorien von Behauptungen oder Hoffnungen aufteilen. Erstens wird angenommen, dass zukünftige Technologie uns irgendwie vor den schlimmsten Folgen des Klimawandels bewahren wird. Maßnahmen sind jetzt nicht nötig, könnte man denken, da wir vielleicht eine technologische Lösung finden; immer finden wir technologische Lösungen für unsere Probleme. Warum sollte dieses so anders und so schwierig zu lösen sein? Zweitens – und kaum mit ehrlicher Miene – könnte man sagen, dass die Technologie, die wir bereits haben, uns vor den schlimmsten Folgen des Klimawandels bewahren wird. Vielleicht können wir ernsthafte Anstrengungen jetzt vermeiden, da genug Windräder, Solarzellen und CO_2-Abscheidungs- und Speicherungssysteme unsere Emissionen ausreichend eindämmen können, während unser Leben nahezu unverändert weitergeht. Wir werden kurz beide Möglichkeiten erörtern.

Wir investieren viel Vertrauen in weitgehend ungeprüfte, manchmal unbekannte technologische Neuerungen. Der Gedanke, der Sie möglicherweise wie eine Wunschvorstellung beeindruckt, hat etwas von Science-Fiction – mit etlichen Anhängern. Es ist besorgniserregend, dass die Vereinigten Staaten möglicherweise die lautesten Verfechter sind.

Nehmen wir eines der vielen aktuellen Beispiele: Ein Abschnitt der Antwort der Vereinigten Staaten auf einen frühen Entwurf des Berichts des Weltklimarats aus dem Jahre 2007 über die Verminderung des Klimawandels geht davon aus, dass

> „die Modifizierung der Sonnenstrahlung eine wichtige Strategie sein kann, wenn [die] Verminderung der Emissionen misslingt. Um die

> Konsequenzen der Anwendung einer derartigen Strategie einzuschätzen, sollte geforscht und entwickelt werden; dies ist eine wichtige Rückversicherung, die unbedingt geprüft werden sollte. Das ist eine ganz entscheidende Möglichkeit, die es in Betracht zu ziehen gilt.“[62]

Mit „Modifizierung der Sonnenstrahlung“ meint der Autor eine Art *geo-engineering* oder *terraforming*, in diesem Fall heißt das, Sonnenlicht zurück ins All zu reflektieren, um eine Verringerung der Auswirkungen des Klimawandels zu erzielen.

Manche behaupteten, dass ein riesiger reflektierender Schirm in den Orbit gebracht werden könnte. Wir könnten eine Million kleiner silberner Ballons in die Atmosphäre entsenden, um die Sonnenstrahlen zu reflektieren. Die Aussicht, durch raketengetriebene Sprengstoffe eine große Menge Sulfattröpfchen in die Atmosphäre abgeben zu können – ein Versuch, die kühlende Wirkung eines massiven Vulkanausbruchs zu simulieren, wurde gutgeheißen. Das Zitat oben nennt *geo-engineering* eine „Versicherung“, die wir haben sollten, falls es uns misslingt, rechtzeitig zu handeln. Vielleicht lässt sich etwas davon verwirklichen, es ist sicher kein Nachteil, sich diese Möglichkeit offenzuhalten. Unsere Frage ist allerdings, ob die Hoffnung, dass wir eines Tages Weltraumspiegel und Ähnliches haben werden, ausreichend begründen kann, jetzt nicht zu handeln – wenig oder gar nichts zu tun.

Versuchen Sie, den zutiefst fragwürdigen Gedanken zu vergessen, dass wir ganz einfach glücklich werden könnten. Jemand könnte irgendwo etwas erfinden, das uns vor dem Klimawandel bewahrt. Irgendwie. Denken Sie einen Augenblick über konkretere Möglichkeiten nach, vielleicht über die Chance, dass *geo-engineering* die Veränderungen, die wir bereits in Gang gesetzt haben, aufhalten kann. Vielleicht können wir uns selbst das Klima unserer weitgehend stabilen, wasserfarbenbunten, vorindustriellen Welt zurückholen, indem wir uns mit den Sonnenstrahlen selbst befassen. Denken Sie an eine Million kleiner silberner Ballons, die kühn an die Wolken stoßen. Denken Sie auch an unsere unruhigen Regulierungssysteme, die nun aus dem Lot geraten oder sich jedenfalls auf eine Weise verhalten, die wir nicht vollständig durchschauen. Kann eine Million kleiner Ballons das beheben?

Der Weltklimarat verneint dies: „Die Möglichkeiten des Geo-Engineering [...] bleiben weitgehend spekulativ und unbewiesen und [sie bringen] das Risiko unbekannter Nebeneffekte [mit sich].“[63] Vielleicht reicht es nicht, sich ablehnend zu verhalten. Wunschdenken schadet nicht, falls man dadurch nicht davon abgehalten wird, etwas Wirksames zu tun, wenn dies notwendig ist. Wenn das Wunschdenken den Platz einnimmt, der der Anerkennung moralischer Verantwortung vorbehalten ist, wie sie im vorigen Kapitel umrissen wurde, dann wird der Schaden zum moralischen Fehler. Der Schaden, der hätte vermieden werden können, wird zum Fehler desjenigen, der Wunschvorstellungen nachhängt. Es liegt viel Unheil vor uns, wenn es uns misslingt zu handeln. Wenn so viel auf dem Spiel steht, ist es mehr als moralisch leichtfertig, für Wunschdenken anstatt für Taten zu optieren.

Lassen wir die Science-Fiction beiseite, es gibt nämlich auch die Vorstellung, dass die schon vorhandene Technologie uns vor den schlimmsten Folgen des Klimawandels bewahren kann. Nebenaspekt dieser Hoffnung ist, dass wir zumindest jetzt einige einschneidende Maßnahmen vermeiden können, da die Anwendung bestimmter Technologien, die man entweder bereits in der Hand hält oder die einfach noch fern am Horizont sind, uns mit der Emissionsabsenkung helfen werden. Wir können unsere Fernseher auf Stand-by lassen, wenn wir einfach auf Sonnenenergie umschalten. Dieser Gedankengang unterschätzt die Höhe des Arbeitsaufwandes gefährlich, der nötig ist, die vorhandene Technologie zu implementieren.

In einem anregenden Beitrag, der sowohl innerhalb als auch außerhalb des akademischen Zirkels viel Aufmerksamkeit erregte, behaupteten Pacala und Socolow, dass heute schon eine Technologie existiert, die es uns ermöglicht, unsere Kohlendioxidemissionen über den Zeitraum von 50 Jahren auf dem gegenwärtigen Niveau zu stabilisieren.[64] Die Stabilisierung auf dem jetzigen Niveau ist ein Ziel, dass uns vielleicht – vielleicht aber auch nicht – vor der Art von Temperaturen bewahren kann, die schlimme Veränderungen für unsere Welt mit sich bringen könnten. Wenn die Stabilisierung erreicht wäre, dann könnten wir uns über die Verringerung des Kohlendioxidniveaus Gedanken machen.

Die mittelfristige Stabilisierung wird von vielen noch als erstrebenswertes Ziel angesehen. Bevor Sie den Champagner herausholen, behalten Sie aber im Hinterkopf, dass schon die Stabilisierung eine riesige Anstrengung von weltweiter Dimension erfordert.

Stellen Sie sich einen Graphen mit Kohlendioxidemissionsmengen auf der vertikalen Achse und Zeit auf der horizontalen vor. Wenn Sie den im Laufe der Zeit beobachteten Emissionsanstieg so darstellen, zeigt sich ein klarer Aufwärtstrend. Wenn ein Punkt, der unsere gegenwärtigen Emissionen darstellt, auf dem Graphen eingezeichnet wäre, könnten zwei Linien von ihm aus gezeichnet werden, die zwei Wege vertreten: eine gerade horizontale Stabilisierungslinie, ein Weg zu einer Welt, in der die Emissionen auf dem gegenwärtigen Niveau gehalten werden, und eine kontinuierlich ansteigende Linie, die das Kohlendioxidniveau zeigt, wenn nichts unternommen wird, um Emissionen einzudämmen. Verbinden Sie beide Linien und Sie haben, was Pacala und Socolow „ein Stabilisierungsdreieck" nennen.

Aufgabe ist es nun „Stabilisierungskeile" zu finden, Strategien, die Emissionen eindämmen und den gegenwärtigen Trend in Richtung einer Stabilisierung abmildern. Jeder Keil verhindert den Ausstoß von einer Milliarde Tonnen Kohlendioxid pro Jahr bis Mitte des Jahrhunderts. Zu der Zeit, als der Beitrag verfasst wurde, im Jahre 2004, behauptete Socolow, dass wir ungefähr sieben Milliarden Tonnen jedes Jahr ausstoßen und auf dem Weg wären, bis zum Jahr 2054 jedes Jahr vierzehn Milliarden Tonnen auszustoßen. Daraus folgt, dass sieben Stabilisierungskeile erforderlich sind. Pacala und Socolow haben fünfzehn von ihnen genau bestimmt. Diese Stabilisierungsstrategie, diese Idee einer möglichen technologischen Lösung „zerlegt eine heldenhafte Herausforderung in eine begrenzte Reihe gewaltiger Aufgaben", sagt Socolow.

Denken Sie nur an die beiden meistbekannten erneuerbaren Energiequellen: Wind und Sonnenenergie.[65] Betrachten wir zunächst die Windenergie. Um einen solchen Keil durch Windräder zu erzielen, würde die Welt zwei Millionen Ein-Megawatt-Windräder benötigen, die unsere gegenwärtige Abhängigkeit von der gleichen durch Kohle erzeugten Energiemenge ablösen würde. Wir haben ungefähr 40 000 dieser Windräder, mithin nur zwei Prozent der benötigten. Festzuhalten gilt, dass es in Großbritannien jahrelangen bürokratischen Wirbels bedarf, um einen einzigen Windpark aufzubauen und zum Laufen zu bringen – vor allem, weil Ortsansässige lieber keine unansehnlichen Turbinen haben wollen, die die schöne Aussicht verschandeln. Was ist mit Sonnenkollektoren? Bis zur Mitte des Jahrhunderts würden wir die 700-fache Menge der gegenwärtigen Kapazität für einen einzigen Keil benötigen. Das würde Paneele erfordern, die zwei Millionen Hektar oder 20 000 Quadratkilometer überdecken – eine Landfläche ungefähr so groß wie New Jersey oder Israel. Werden unsere Millionen Windräder und kilometerlangen Sonnenkollektoren genau an den richtigen Stellen stehen, wenn die Wettermuster sich in der Mitte dieses Jahrhunderts verändern?

Was ist mit den CO_2-Abscheidungs- und Speicherungssystemen, dem beworbenen Verfahren, durch das Kohlendioxid während der Stromerzeugung eingefangen und davon abgehalten wird, in die Atmosphäre zu gelangen? Die Technologie ist neu, und es könnten langfristig damit ernsthafte Schwierigkeiten verbunden sein, aber um einen Keil zu erzielen, müssten wir Kohlendioxid mit derselben schwindelerregenden Geschwindigkeit in Lagerstätten pumpen, mit der wir gegenwärtig Öl aus dem Boden pumpen. Gegenwärtig führen nur eine Handvoll Firmen Versuche mit CO_2-Abscheidungs- und Speicherungssystemen durch. Vergleichen Sie dies mit der großen Zahl der Anlagen, die wir haben, um Öl aus der Erde zu ziehen, um die große Anstrengung zu begreifen, die für diesen einen Keil erforderlich ist.

Könnten wir durch Biokraftstoffe gerettet werden? Um einen Keil bis 2050 zu erzielen, wären zwei Milliarden der mit fossilen Kraftstoffen betriebenen Autos, die wir bis dahin fahren, durch neue Fahrzeuge zu ersetzen, die ausschließlich mit sauberen Biokraftstoffen betrieben werden. Diese Autos müssten zudem 21 Kilometer pro Liter bewältigen, anstatt der gegenwärtig knapp neun Kilometer. Um diese Autos mit Kraftstoff zu versorgen, wäre die Kultivierung von 250 Millionen Hektar oder ungefähr 2,5 Millionen Quadratkilometer ertragsstarker Nutzpflanzen erforderlich – das ist ungefähr ein Sechstel der weltweiten Ackerfläche. Es gibt wachsende Ängste, dass das Rennen um die Produktion der Biokraftstoffe bereits zu Änderungen der Landnutzung führt, die wiederum Veränderungen des Klimas auslösen – unvorstellbar arme Bauern brennen Regenwald nieder, um Nutzpflanzen anzubauen, die für Biokraftstoff verwendet werden. Wollen wir in 50 Jahren, wenn die Feldfrüchte zur Ernährung nicht mehr reichen, wenn sich die Wachstumsperioden verschoben haben, Trockenheit droht, die Menschen hungern und so weiter, so große Anteile unseres fruchtbaren Landes, von dem wir nicht wissen, wie groß es sein wird, zum Betanken unserer Autos nutzen – anstatt für die Menschen?

Es wurde viel über Wasserstoff diskutiert, über die Wasserstoffwirtschaft und Wasserstoffbrennstoffzellen. Die Vereinigten Staaten haben die Perspektiven von Wasserstoff hoch gehandelt, aber gegenwärtig ist Wasserstoff nicht einmal eine Energiequelle – es wird mehr Energie benötigt, um Wasserstofftreibstoff zu produzieren, als dieser Treibstoff liefern kann. Ferner ist Wasserstoff nur so kohlendioxidfrei wie die Energiequelle, die wir zu seiner Herstellung nutzen. Die derzeitigen Herstellungsprozesse sind kostspielig und die gegenwärtig billigsten Möglichkeiten führen wieder zu Kohlendioxidemissionen. Die Aufbewahrung des Stoffes ist auch nicht einfach.

Da Wasserstoff den gasförmigen Aggregatzustand dem flüssigen vorzieht, benötigt es viel mehr Platz als Benzin. Die Wasserstofftanks Ihres neuen Autos könnten beträchtlich größer als das Fahrzeug sein, mit dem Sie jetzt unterwegs sind. Speicherprobleme könnten gelöst werden, indem wir Wasserstoff in Flüssigkeit umwandeln; dies gelingt jedoch nur auf Kosten der Energie, die erforderlich ist, um die Temperatur des Stoffes so niedrig wie nötig zu halten. Wasserstoff könnte letztendlich eine saubere Energiequelle sein, aber nach vielen Schätzungen werden wir ungefähr noch 50 Jahre warten müssen, bevor wir etwas davon sehen. Das ist vielversprechend, hilft uns aber im Augenblick nicht weiter.

Daraus folgt, dass einfach alle vorliegenden technologischen „Lösungen" mit Windrädern, Sonnenkollektoren, Biokraftstoffen oder Wasserstoff einander ähnlich sind: Sie sind es sicher wert, weiterverfolgt zu werden, aber keines kann unsere Probleme für uns lösen. Keiner der möglichen Wege scheint leicht zu sein. Diese Schlussfolgerung ist nicht vollständig pessimistisch – allerdings sind Socolow und sein Kollege keine Schwarzmaler. Ihre Hoffnung besteht darin, uns zu überzeugen, dass wir diese Technologien schleunigst verfolgen sollten, wenn wir bis Mitte des Jahrhunderts etwas Entscheidendes erreichen wollen. Jedenfalls gibt es überhaupt keinen Grund zu denken, dass wir ernsthaftes Handeln in der Hoffnung verschieben können, dass die Technologie uns retten wird. Genau das Gegenteil ist wahr: Übermenschliche Anstrengungen sind jetzt und für die absehbare Zukunft erforderlich, wenn die Technologie überhaupt eine Hilfe sein soll. Es ist klar, dass wir nicht so wie bisher weitermachen können. Vernünftigerweise können wir nicht unsere Hände in den Schoß legen, weiterhin Kohlekraftwerke bauen und Geländewagen fahren, und dabei auch noch glauben, dass Technologie unsere Emissionen verringern hilft. Wahrscheinlich müssen wir – zusätzlich zu großen technologischen Anstrengungen wie den oben beschriebenen – unser Leben ändern. Anstatt technologische Lösungen für unseren Energiebedarf zu finden, müssen wir Wege finden, wie wir weniger Energie benötigen.

Auf das Handeln anderer warten

Die Forderung, Maßnahmen gegen den Klimawandel aufzuschieben, bis andere handeln, hat verschiedentlich Gestalt angenommen. Tony Blair, obwohl er Fürsprecher mancher Maßnahmen ist, hat angedeutet, dass, selbst wenn alle Emissionen Großbritanniens jetzt unverzüglich und auf magische Weise eingestellt würden, allein das Anwachsen der chinesischen Emissionen die Differenz aufheben würde. Ein Grund, der von Bush für die Ablehnung von Kyoto genannt wurde, ist, dass die Übereinkunft es versäumt, Forderungen an Länder wie China oder Indien zu stellen. Hier gibt es mehrere Gedankenstränge, die es zu entwirren lohnt.

Es ist sicherlich wahr, dass einige Länder – China und Indien sind die üblichen Verdächtigen – sich in rasantem Tempo entwickeln. Nach vielen Schätzungen hat China die Vereinigten Staaten bereits als weltgrößten Emittenten von Treibhausgasen überholt. Es gibt viele Wege, dies zu messen. Interessant ist der Hinweis, dass die Vereinigten Staaten die Weltrangliste, was die Pro-Kopf-Emissionen und die aufgelaufenen Emissionen betrifft, noch für einige Zeit anführen werden, selbst angesichts eines explosionsartigen Wachstums im Osten. Der durchschnittliche Chinese ist immer noch für weit weniger als die weltweite durchschnittliche Pro-Kopf-Emissionsmenge verantwortlich – für vier- oder fünfmal weniger Emissionen als der durchschnittliche Amerikaner und ungefähr zweimal weniger Emissionen als der durchschnittliche Europäer.[66] Indien und China haben schnell expandierende Volkswirtschaften, wachsende Mittelschichten mit guten Einkommen, entsprechenden Wünschen und steigender Energienachfrage. Die Energieversorgung beider Länder erfolgt fast vollständig durch fossile Brennstoffe.

Die erste Art der Sorge, die uns bei all dem umtreibt – die Blair-Sorge –, kann in Weltschmerz verwurzelt erscheinen: Wie groß unsere Anstrengungen auch sein mögen, die neuen Emissionen der sich entwickelnden Welt werden sie einfach zunichte machen. Sagen wir, dass die Emissionseinsparungen durch Kyoto bis 2012 insgesamt ungefähr 500 Millionen Tonnen Treibhausgas pro Jahr betragen werden.[67] Bis zum gleichen Jahr könnte Indien dank neuer glänzender Kohlekraftwerke die Einsparungen durch jährlich etwa 500 Millionen Tonnen brandneuer Emissionen vollständig kompensieren. China könnte bis 2012 fast 2.000 Millionen Tonnen Treibhausgase durch neue Kraftwerke ausstoßen. Wenn unsere Anstrengungen durch deren Emissionen mehr als zunichte gemacht werden, gibt es kaum einen Sinn dafür.

Die zweite Sorge – die Bush-Sorge – scheint in einer seltsam engstirnigen Vorstellung von Gerechtigkeit verwurzelt. In den Vereinigten Staaten haben einige zugegeben, dass die USA durchaus für einen großen Teil der jährlichen weltweiten Emissionen verantwortlich sind, aber eben nicht für alle. Doch Emissionen sind Emissionen und der Erde ist es egal, woher sie stammen. Bevor die Vereinigten Staaten ihren Teil tun, müssen sie sicher sein, dass der Rest der Welt auch seinen Teil tun wird. Da Kyoto den wichtigen sich entwickelnden Ländern keine Emissions-Beschränkungen auferlegt, behaupten die Vereinigten Staaten, dass es ein „mangelhafter Vertrag" sei, den es nicht zu unterschreiben lohnt. Darin liegt eine seltsame Logik. Sie ist nicht so schlüssig wie bei einem der genannten Gefangenen mit seinem Dilemma. Stattdessen erinnert es eigentümlich an das charakteristische doppelbödige Denken in *Catch 22*:

> „[...] jemand anders soll sterben."
> „Angenommen, jeder von uns würde so denken [...]"
> „Dann wäre ich doch ein Vollidiot, wenn ich anders denken würde, oder?"

Wenn jeder unbegrenzt Treibhausgase ausstößt, dann wären die Vereinigten Staaten verrückt, wenn sie ihre eigenen Emissionen beschränken würden, oder?

Erstens muss man in diesem Zusammenhang festhalten, dass beide Denkweisen die Tatsache ignorieren, dass die Erfordernisse für manche Maßnahmen, insbesondere für moralisch gebotene, nicht vom Handeln anderer abhängen. Wenn es richtig ist zu handeln, dann bleibt es richtig, egal ob die anderen ebenfalls handeln oder nicht. Wenn es falsch ist, bleibt es falsch, auch wenn jeder es tut.

Zweitens: Obwohl es wahrlich manchmal Sinn macht, ein Handeln abzulehnen, wenn andere nicht im Stande sind, das Ihrige beizutragen – im Fall des Klimawandels ist es anders. Ich könnte zu Recht streiken und mein dreckiges Geschirr in den Abfluss stellen, wenn meine Mitbewohner nicht imstande sind, ihren eigenen Abwasch zu erledigen. Die Ablehnung dessen, was normalerweise von mir erwartet wird, ist letztendlich unsinnig – vielleicht habe ich irgendwann keine sauberen Teller mehr –, aber vielleicht werde ich verstanden und meine Freunde machen in Zukunft ihren Dreck selber weg. Singer drückt es so aus:

> „[...] im Klimawandel ist es nicht so, dass das Verhalten der industrialisierten Staaten mehr einer Person ähnelte, die den Wasserhahn in der Küche laufen lässt, es aber sowohl ablehnt ihn abzudrehen als auch die entstandene Überschwemmung aufzuwischen, falls Sie nicht verspre-

chen – obwohl Sie nur ein halbes Glas Wasser auf dem Boden verschüttet haben, kein weiteres Wasser mehr zu verschütten.“[68]

Singer vertritt den richtigen Standpunkt, dass die industrialisierte Welt nicht mit einem Menschen zu vergleichen ist, der es aus gutem Grund ablehnt zu handeln. Das Ausmaß der Emissionen der entwickelten Welt ist sicher Teil des Unterschiedes. Es lohnt sich auch anzumerken, dass die meisten industrialisierten Länder zumindest zugestimmt haben, mit dem Aufwischen anzufangen. Die Weigerung der Vereinigten Staaten, dies selbst vor diesem Hintergrund zu tun, scheint noch fragwürdiger.

Man kann die Dinge auf die Spitze treiben, Analogien zur Seite stellen und ernsthaft über Argumente für Maßnahmen wie die im vorigen Kapitel betrachteten nachdenken. Die Absorptionsfähigkeit der Erde ist eine knappe und wertvolle Ressource. Wie Shue sagt: „[...] ein großes Lager für ethische Überlegungen, die für unbegrenzte Vorräte gegenstandslos sind, ‚klinkt sich ein‘, wenn sich Knappheit herausstellt“.[69] Es spielt eine Rolle, wer wie viel der Kohlenstoffsenke nutzt, denn die Nutzung durch einen beraubt automatisch einen anderen. Die Anteile sind außerdem angesichts unserer Gesellschaftsstrukturen sehr wichtig, da außer der Nahrungsversorgung etwa auch die künftige Lebensführung allgemein von Treibhausgasemissionen abhängt. Shues Standpunkt, der denkbar ernst genommen werden sollte, ist der, dass ethische Erfordernisse den Nutzern einer knappen und wertvollen Ressource einfach deshalb auferlegt werden, weil sie die Ressource nutzen. Es ist nicht wichtig, ob ein Staat einen Vertrag unterzeichnet hat, ob ein Staat fest vorhatte, anderen etwas vorzuenthalten oder ob andere Staaten auch zulangen. Die moralische Forderung ist da, egal, was die anderen tun.

Nehmen wir uns doch für die erste, wohl in Weltschmerz verwurzelte Sorge ein wenig Zeit. Wenn man über die Sinnlosigkeit der Maßnahmen zur Begrenzung der Emissionen nachdenkt, kann man manchmal verzweifeln. Wenn Sie irgendeine Maßnahme ergreifen, sogar eine moralisch gebotene, so ist es legitim, sich zu fragen, ob die von Ihnen erzeugten positiven Auswirkungen nicht unmittelbar zunichte gemacht werden. Wenn Sie konsequent denken – wie etwa ein Utilitarist, der behauptet, dass der moralische Wert einer Handlung vollständig von den Auswirkungen auf das menschliche Glück bestimmt wird –, dann ist die Entdeckung, dass eine Handlung keinen Nutzen bringt, genau die Entdeckung, dass Ihre Handlung moralisch nicht erforderlich ist.

Aber das, was auch nur einige Länder tun, wird sich nützlich auswirken. Nehmen Sie an, durch das Kyoto-Protokoll werden 500 Millionen Tonnen Kohlendioxid eingespart. Diese 500 Millionen Tonnen sind 500 Millionen Tonnen, die niemals ausgestoßen wurden. Es sind 500 Millionen Tonnen, die nicht in der Gesamtbilanz auftauchen. Vielleicht werden diese kleinen Schritte in die richtige Richtung in Zukunft einen bemerkenswerten Unterschied machen, wovon manche ausgehen. Wenn wir auf die Einsparung der 500 Millionen Tonnen hinarbeiten, wird uns das einiges lehren und vielleicht zur leichteren Einsparung der nächsten 500 Millionen Tonnen beitragen. Von Staaten könnte erwartet werden, dass Sie ein stärkeres Bewusstsein für die Bedeutung der Maßnahmen entwickeln und weitere Schritte unternehmen – Beispiele machen schließlich Schule. Sie könnten auch versuchen, die verwirrenden Gedankenketten zu durchschauen, und merken, dass die Einsparung von 500 Millionen Tonnen Treibhausgasen künftige Leben rettet. Das sind alles eindeutig positive Auswirkungen, die in den Berechnungen eines jeden guten Utilitaristen eine Rolle spielen sollten. Ich habe aber leider in diesem Zusammenhang Zweifel, die uns im nächsten Kapitel beschäftigen werden. Trotz der Zweifel sollten wir uns vom Weltschmerz nun verabschieden.

Dringlichkeit

Wir haben gerade die wichtigsten Gründe durchdacht, die für die Verzögerung oder die Ablehnung von Maßnahmen gegen den Klimawandel angegeben werden, und fanden alle mangelhaft. Es wäre wahrscheinlich falsch zu versuchen, sie alle auf diese Art von Fehler oder Beurteilung zu reduzieren, sobald man nur einen einzigen Fehler findet. Aber es gibt etwas, was alle gemeinsam haben, was bei genauer Betrachtung auffällt. Keiner der Gründe für eine Verschiebung wirksamer Maßnahmen gegen den Klimawandel basiert auf einem Prinzip. In den Argumenten findet man in der Tat keine moralischen Prinzipien. Es ist selten von Gerechtigkeit, Gleichheit, Fairness oder dem Wert menschlichen Lebens die Rede. Diese Tatsache mag Ihnen zu denken geben, könnte Sie argwöhnisch machen, könnte Sie dazu bringen, darüber nachzudenken, was die wahre Motivation für eine Verzögerung sein könnte.

Wir haben uns schnell von Bösartigkeit und Leichtfertigkeit verabschiedet, sobald wir sie in den obigen Argumenten entdeckt haben. Vielleicht wäre jetzt ein bisschen mehr Aufmerksamkeit angebracht. Das Argument gegen das Ergreifen von Maßnahmen, das auf der wissenschaftlichen Ungewissheit basiert, erscheint aufgrund seiner Leichtfertigkeit bemerkenswert. Darin steckt der illusionäre Gedanke, dass wir ungestraft unser auf starke Kohlendioxidemissionen ausgerichtetes Leben weiterführen können, da wir nicht wirklich wissen, wann oder wo die ökologische Katastrophe lauert. Es kommt einer Art Spiel mit Menschenleben gleich – die jetzt oder künftig existieren, bei dem gewettet wird, dass wir unser komfortables Leben ein bisschen länger beibehalten können, und bei dem wir gleichzeitig nur unser eigenes Leben riskieren. Eine ähnliche Bösartigkeit liegt in dem Gedanken, dass die Kosten der Minderung und Anpassung ein Grund dafür sein sollten, wenig oder nichts zu tun. Das ist damit vergleichbar, anderen für Geld Schaden zuzufügen. In der Wunschvorstellung, die sich auf die Hoffnung auf eine Schnellreparatur durch Technologie gründet, zeigt sich abermals Leichtfertigkeit. Es ist ein aberwitziges Risiko, eine Wette, dass wir unser Leben so wie bisher weiterführen können, in der Hoffnung, dass etwas Unbekanntes oder Ungeprüftes am Ende alles gut machen könnte. Wenn wir es ablehnen zu handeln, falls andere dies nicht ebenfalls tun, so liegt darin Bösartigkeit. Es bedeutet, moralische Ansprüche an uns zu ignorieren, während man gleichzeitig versucht, moralische Ansprüche an andere zu stellen. Zur Liste unserer Fehler kommt nun noch Scheinheiligkeit hinzu.

Man entgeht schwerlich der Schlussfolgerung, dass die Argumente gegen das Ergreifen von Maßnahmen auf Egoismus basieren. Diese Argumente können nur verlockend erscheinen, wenn man mit der Prämisse arbeitet, dass unser Leben wichtiger als das anderer sei. Wenn mein Leben wichtiger ist als Ihres, dann kann es vernünftig erscheinen, Ihr Leben auf verschiedene Weisen für meines zu riskieren.

Es gibt es eine weitere, abschließende Überlegung, die gegen die Haltung des Nichtstuns spricht. Fast jede bekannte Tatsache über das Klima, die Welt und uns selbst weist doch darauf hin, wie dringend wir handeln müssen. Denken Sie nur an den damit verbundenen zeitlichen Rahmen. Kohlendioxid bleibt in der Atmosphäre und trägt zu den Auswirkungen des Klimawandels für hunderte von Jahren bei. Manche der erdweiten Regulierungssysteme bewegen sich nur sehr langsam. Technologische Veränderungen wie die eben betrachteten werden Jahrzehnte zur Implementierung benötigen. Allgemein zurückzuschrauben, die Strukturen der menschgemachten Welt zu verändern – das wird wahrscheinlich nicht über Nacht passieren. Ein heute gebautes Kohlekraftwerk wird während seiner langen Lebensdauer weiteren Schaden verursachen. Je länger wir es hinausschieben – je mehr Treibhausgase wir in die Atmosphäre einbringen, je mehr Wälder wir roden, je mehr Schaden wir anrichten, umso schwieriger wird es für uns, die Prozesse, die wir in Gang gesetzt haben, umzukehren. Manche Prozesse sind möglicherweise nicht umkehrbar, aber es ist ein entscheidendes Ziel, sie zu verlangsamen, denn auf diese Weise haben wir eine bessere Chance zur Anpassung. Je länger wir das hinausschieben, umso schlimmer wird unsere Zukunft. Jedes Argument gegen das Handeln muss etwas Wertvolleres in Aussicht stellen als eine bessere Zukunft für die Menschheit. Es ist schwer vorstellbar, was das sein könnte.

Was zu tun ist

Wir werden nicht nur für das verantwortlich gemacht,
was wir tun, sondern auch für das, was wir nicht tun.
Molière

Die letzten beiden Kapitel haben gezeigt, dass es ein moralisches Erfordernis zum Vorgehen gegen den Klimawandel gibt und dass es keine guten Gründe gibt, dies zu ignorieren. Einfach ausgedrückt heißt das, die Regierungen der Welt sollten etwas Sinnvolles gegen den Klimawandel tun. In diesem Kapitel werden wir uns zunächst ansehen, was die Welt tatsächlich getan hat, um dann zwei allgemeine Vorschläge dazu, was sie nun tun sollte, moralisch zu beurteilen. Es hilft, wenn wir Kriterien zur Hand haben, gewisse Standards, die wir nutzen können, um die unterschiedlichen Vorschläge ebenso wie die bereits unternommenen Handlungen zu beurteilen. Wir müssen in diesem Kapitel ein bisschen technisch werden, vielleicht auch ein bisschen hochgestochen, möglicherweise müssen wir uns auch stärker an Kriterien, Vorschläge und historische Fakten halten, als ich es sonst vielleicht mag. Das könnte daher ein wenig holprig werden, aber das Ergebnis lohnt die Mühe. Wir werden am Ende sicherlich ein klareres Verständnis davon haben, wie das Vorgehen gegen den Klimawandel bisher war und wie es sein sollte.

Bevor es losgeht, nehmen Sie sich einen Moment Zeit für ein Gedankenspiel. Stellen Sie sich eine Welt vor, die den Bericht des Weltklimarats von 1990 sehr ernst nahm. Die Regierungen dieser Welt handelten klug und einmütig und diskutierten die Instrumente zur Eliminierung der Treibhausgasemission, die so schnell und so umfangreich wie möglich vonstatten gehen sollte. Die entwickelten Länder implementierten und teilten ökologische Technologien, die die Emissionen kappten und es den Armen ermöglichten, ihre Volkswirtschaft direkt ökologisch auszurichten; Wälder wurden überall geschützt und neue gepflanzt; Strategien, die die Energieeffizienz beim Transportwesen und in der Industrie sichern, kamen zum Tragen; reiche Länder packten mit an, um den armen zu helfen, sich den bereits in Gang gesetzten Veränderungen anzupassen. So viel künftiges Leiden wie irgend möglich wurde vermieden und künftige Generationen schauen auf diese gewaltige Anstrengung mit einer Mischung aus Dankbarkeit und Ehrfurcht zurück.

Das ist nur eine Fantasievorstellung, die leider nicht wahr geworden ist. Es ist fast unerträglich, sich zu überlegen, was künftige Generationen davon halten werden, wie wir uns verhalten haben. Über ihr Urteil nachzudenken kann jedoch unser Augenmerk auf die Bedeutung richten, so gewissenhaft wie möglich dabei zu sein, das zu tun, was in unserer heutigen Zeit moralisch richtig ist.

Kriterien der moralischen Angemessenheit

Handlungsvorschläge können verschieden bewertet werden. Viel hängt davon ab, was man am wichtigsten findet. Man könnte sagen, dass ein Vorschlag dann praktikabel ist, wenn er angesichts bestimmter Gegebenheiten eine Aufgabe erfüllt. Vielleicht ist ein Vorschlag adäquat angesichts bestimmter wirtschaftlicher Fakten oder Grundsätze: Er ist bezahlbar oder bietet uns einen guten Nutzen für das Geld. Daneben lassen sich aber Vorschlägen auch noch andere Eigenschaften zuordnen – sie können effizient oder brauchbar sein, vielleicht überschaubar, sogar politisch erwünscht oder allgemein zweckdienlich. Was uns interessiert, ist jedoch die moralische Angemessenheit von Vorschlägen, die den Klimawandel betreffen. Angesichts unserer Überlegungen im dritten Kapitel, können wir unmittelbar drei Kriterien präsentieren. Ein moralisch angemessener Vorschlag muss Folgendes beachten:

- Verantwortung aus der Geschichte,
- gegenwärtige Leistungsfähigkeit,
- Nachhaltigkeit.

Dem können wir noch neu hinzufügen:

- ein faires Verfahren.

Dazu werden wir gleich kommen. Jeder Vorschlag zum Vorgehen gegen den Klimawandel sollte zumindest jedem der genannten Erfordernisse genügen. Weitere moralische Anforderungen sind möglich, aber wir können davon ausgehen, dass ein Vorschlag moralisch unangemessen ist, wenn er eines der vier Erfordernisse nicht ernst nimmt. Es schadet nichts, über jedes einzelne kurz nachzudenken.

Erstens: Es ist eindeutig, dass manche Länder mehr Verantwortung für unser sich veränderndes Klima tragen als andere. Es ist eine einfache Tatsache, dass einige Länder mehr Treibhausgase ausgestoßen haben, die Kohlenstoffabsorption stärker genutzt haben, den Klimawandel deutlicher verursacht haben als andere. Das ist eine quantitativ bestimmbare Tatsache: Wir wissen etwas über aufgelaufene Emissionen. Diese Tatsache kann an eine Anzahl von Prämissen gekoppelt werden, die wir bereits betrachtet haben. Daraus ist zu folgern, dass die mit der Anpassung und Minderung verbundenen Lasten so verteilt werden sollten, dass dies im Einklang mit unserem Wissen über die Emissionen der Vergangenheit steht. Gedanken über Gerechtigkeit, über das Verursacherprinzip, die Verbindung zwischen ursächlicher und moralischer Verantwortung und so weiter enden in dem Gedanken, dass die entwickelte Welt zusätzliche Pflichten, eine tiefere Verantwortung und mehr Verpflichtungen hat – nennen Sie es, wie Sie wollen, wenn es um das Vorgehen gegen den Klimawandel geht.

Zweitens wissen wir, dass die gegenwärtigen Emissionen sehr unterschiedlich sind – wieder stößt die entwickelte, reiche Welt erheblich mehr aus als die sich entwickelnde Welt. Ich denke dabei an Pro-Kopf-Emissionen, aber die entwickelte Welt wird auch nach anderen Messergebnissen noch für eine Weile mehr ausstoßen als die bevölkerungsreichere sich entwickelnde Welt. Fairness, wohl auch eine Vorstellung von Rechten oder berechtigten Ansprüchen, von der Bedeutung Existenz sichernder Emissionen legen nahe, dass eine begrenzte, wertvolle Ressource gleichmäßig verteilt werden sollte. Wir haben auch von der unterschiedlichen Leistungsfähigkeit der Reichen und Armen auf der Erde gehört. Beide Faktensammlungen zur gegenwärtigen Situation lassen schließen, dass die entwickelte Welt einen proportional viel größeren Anteil der mit der Anpassung und Minderung verbundenen Lasten tragen sollte.

Drittens gilt bei einer Reflexion über die Rechte künftiger Menschen, Verantwortung zu übernehmen oder allgemein gesprochen, dass uns das Leben künftiger Generationen etwas angeht. Das Einfordern von Nachhaltigkeit trifft alle Länder gleichermaßen. Wenn wir uns insbesondere für das Vorgehen gegen den Klimawandel interessieren, dann müssen wir, falls es so etwas gibt, nachhaltige Treibhausgas-Emissionslevels betrachten. Wir konnten bislang die Einzelheiten unserer Verpflichtungen für die Zukunft umgehen, aber die Begründung für moralisch angemessenes Handeln gegen den Klimawandel wird sie im Detail aufgreifen müssen. In gewissem Sinne engt dieses Kriterium die anderen ein. Erst wenn man behaupten kann, dass das eine oder der andere Emissionslevel nachhaltig ist, können wir anschließend über die gerechte oder faire Verteilung dieser Emissionen sprechen. Diese Angelegenheit wird zumindest von zwei Dingen abhängen: von unseren fundierten wissenschaftlichen Überlegungen zum Klima und von unseren Werten, insbesondere dem Wert, den das Lebens für uns hat.

Sie können den relevanten empirischen Teil in einer Handlungsaufforderung ausmachen, indem Sie die Diskussion um Zielvereinbarungen für die Grenzwerte von Treibhausgasen und Temperaturen verfolgen. Vor der Industriellen Revolution lag das Kohlendioxidniveau bei etwa 280 Teilchen pro Million (ppm). Der Anteil überstieg 380 ppm im Jahre 2005 und jedes Jahr kommen zwei ppm hinzu. Der Gradient des Anstiegs nimmt ebenfalls zu.[70] Man sollte die Verbindung zwischen dem Kohlendioxid in der Atmosphäre und den Temperaturen kennen. Wenn die Kohlendioxidkonzentration in der Atmosphäre sich gegenüber vorindustriellem Niveau verdoppelt und einen neuen Gleichgewichtszustand erreicht hat, so nennt man die Höhe des damit verbundenen Temperaturanstiegs „Klimasensitivität". Wenn man dies mit den Messungen der gegenwärtigen Kohlendioxidmenge der Atmosphäre koppelt, liefert uns dies unter anderem eine Vorstellung über den zeitlichen Ablauf des Klimawandels. Die Versuche, die Klimasensitivität zu berechnen, bekommen daher erhebliche Aufmerksamkeit. Die Schätzungen liegen gegenwärtig im Bereich zwischen zwei und 4,5 Grad Celsius.[71] Handlungsvorschläge, die in unserem gesicherten Klimaverständnis verankert sind, werden vor diesem Hintergrund genaue Ziele setzen müssen – vielleicht im Sinne oberer Grenzwerte für Temperaturanstiege oder für die Kohlendioxidkonzentration in der Atmosphäre. Andere Arten von Zielvorgaben sind zwar ebenfalls möglich, aber einige definitive Zielsetzungen sicherlich erforderlich.[72]

Es gibt keinen Mangel an Grenzwerten, Zielen und Vorschlägen. Gegenwärtig scheinen sie alle bei einer 60- bis 80prozentigen Verringerung des Treibhausgasniveaus von 1990 bis zur Mitte unseres Jahrhunderts zu liegen. Die Regierung von Großbritannien hält es für erstrebenswert, ihre Emissionen bis zum Jahr 2050 auf 60 Prozent des Niveaus von 1990 zu reduzieren. Das Pew Center on Global Climate Change plädiert für Beschränkungen auf 60 bis 80 Prozent bis zum Jahr 2050.[73] Das Global Commons Institute setzt das obere Limit für Kohlendioxid auf 450 ppm fest und argumentiert, dass Verringerungen um 80 Prozent bis zum Jahr 2050 nötig sind.[74] Die Zwei-Grad-Celsius-Grenze wird im Moment auch in vielen Handlungsaufrufen erwähnt. Allerdings meint der Weltklimarat, dass Erhöhungen der durchschnittlichen globalen Temperatur von über 1,5 bis 2,5 Grad Celsius mit einer schnelleren Erwärmung und weiteren „negativen Auswirkungen" verbunden seien.[75] Neuere Bücher haben sich natürlich auch der Zwei-Grad-Celsius-Grenze angeschlossen. Lynas argumentiert, dass jeder Temperaturanstieg über zwei Grad Celsius eine Rückkopplung im natürlichen Kohlendioxidkreislauf der Erde herausfordert, wodurch mehr Kohlendioxid in die Luft abgegeben wird und uns einen Anstieg um mehr als drei Grad Celsius beschert, was wiederum die Permafrostböden schmelzen lassen wird und genug Methan für einen Anstieg von mehr als vier Grad Celsius in die Atmosphäre bringt. Damit erhöht sich die Wahrscheinlichkeit, noch mehr Methan aus den Ozeanen freizusetzen, was einen Anstieg von mehr als fünf Grad Celsius herbeiführt, der wiederum das Ende für fast alles Leben auf der Erde bedeutet. Lynas behauptet, dass die weltweiten Emissionen ihren Höchststand nicht später als im Jahre 2015 haben dürfen, sie danach schnell abfallen müssen und sich bei nicht mehr als 400 ppm stabilisieren sollten.[76] Das ist viel verlangt. Monbiot behauptet, dass eine Beschneidung der Emissionen der Industrienationen bis 2030 um gewaltige neunzig Prozent erforderlich ist. Das ist, selbst wenn er weiter behauptet, es sei möglich, eine niederschmetternde und wenig realistische Forderung.[77] Es besteht nur im Ansatz überhaupt eine Hoffnung, die Veränderung unter zwei Grad Celsius zu halten.

Welche Ziele genau zu verfolgen sind, ist im Augenblick offensichtlich von weiteren Überlegungen abhängig, vor allem deshalb, weil wir die Rückkopplungsmechanismen, Senken, Wolken und Ähnliches nur teilweise verstanden haben. Zweifellos müssen die erforderlichen Einschnitte jedoch beträchtlich sein und sie sollten so schnell wie möglich umgesetzt werden. Wir können nicht genau wissen, wo das Emissionsniveau liegen sollte, aber es ist klar, dass das gegenwärtige Niveau viel zu hoch ist. Die wissenschaftlichen Aspekte jedes Handlungsvorschlags werden nur dann das Nachhaltigkeitskriterium erfüllen, wenn sie die Einschnitte oder Ziele, die sie befürworten, zu einer zwingenden Angelegenheit aufwerten können, die mit unseren bestmöglichen Erkenntnissen über den Klimawandel übereinstimmen. Der Teil des Vorschlags, der mit dem Wert des Lebens zu tun hat, wird manchmal unter dem Risikoaspekt formuliert. Je mehr Emissionen wir gestatten, desto wärmer wird die Welt und desto größer wird das Gefahrenrisiko für uns und für die Nachfolgenden. Die annehmbare Risikohöhe hängt von einer Vielzahl von Faktoren ab, aber sicherlich hängt sie größtenteils davon ab, wie wichtig uns künftige Generationen sind. Wenn sie nicht wichtig sind, dann riskieren wir nicht viel, indem wir zulassen, dass das Emissionsniveau steigt. Der Teil der Forderung nach Nachhaltigkeit, der mit Werten zu tun hat, sagt, dass sie sehr wichtig sein und Vorschläge zumindest sicherstellen sollten, dass die favorisierte Handlung sie nicht unnötig in Gefahr bringt. Durch den zur Debatte stehenden Vorschlag sollte verdeutlicht werden, was annehmbar oder notwendig ist, was es das Risiko wert ist und warum. Wir sollten eine zwingende Begründung für die in der Schlussfolgerung einbezogenen Werte erhalten.

Schließlich müssen moralisch angemessene Vorschläge auch das Ergebnis eines fairen Verfahrens sein. Verschiedene Interpretationen prozessualer Gerechtigkeit oder Fairness fordern jeweils Unterschiedliches, aber es muss zumindest zusammen passende Elemente geben, bevor eine Übereinkunft überhaupt eine Chance hat, fair zu sein. Alle Parteien der Übereinkunft sollten gleichen Zugang zu Informationen haben, die für die Entscheidung bedeutsam sind, und ein angemessenes Verständnis der Tatsachen. Der Prozess hin zur Übereinkunft selbst sollte offen und transparent sein. In diesem Prozess sollte eine gewisse Freiheit herrschen, die sicherstellt, dass niemand zur Zustimmung gezwungen ist. Notwendigerweise sollten die Parteien, die Lasten hinnehmen müssen, genau wissen, auf was sie sich einlassen, und sie sollten sich freiwillig darauf einlassen – natürlich haben sie ein faires Mitsprachrecht und nehmen in vollem Umfang an den Verfahren teil. Kurz gesagt, niemand zieht einen Vorteil auf Kosten eines anderen; niemand wird im Unklaren gelassen.

Rahmenübereinkommen der Vereinten Nationen über Klimaänderungen (UNFCCC) und Kyoto-Protokoll

Was hat die Welt tatsächlich gegen den Klimawandel unternommen? Waren die Anstrengungen der Regierungen angesichts der oben umrissenen Kriterien moralisch angemessen?

Im Jahre 1992, zwei Jahre nach dem ersten Bericht des Weltklimarats, trafen sich die Führenden der Welt in Rio de Janeiro, was als Erdgipfel bekannt wurde. Eine Übereinkunft, das „Rahmenübereinkommen der Vereinten Nationen über Klimaänderungen“ (UNFCCC), wurde vorgelegt und schließlich von fast 200 Staaten unterzeichnet und ratifiziert. Die rechtswirksamen Grundsätze der Konvention sind ebenso interessant wie geläufig.

Das UNFCCC beginnt zum Beispiel mit der Anerkennung der Tatsache des Klimawandels und einem anthropogenen Anteil daran. Dann, nach dem ersten Drittel der ersten Seite, erkennt die Konvention ausdrücklich an, dass

> „der größte Teil der früheren und gegenwärtigen weltweiten Emissionen von Treibhausgasen aus den entwickelten Ländern stammt, dass die Pro-Kopf-Emissionen in den Entwicklungsländern noch verhältnismäßig gering sind und dass der Anteil der aus den Entwicklungsländern stammenden weltweiten Emissionen zunehmen wird, damit sie ihre sozialen und wirtschaftlichen Bedürfnisse befriedigen können [...]“[78]

Das ist insofern bemerkenswert, als dass es in der Anerkennung mehrerer Prämissen mündet, die wir bei zwei Argumenten für die Schlussfolgerung benötigten, dass die entwickelte Welt eine größere Verantwortung für das Vorgehen gegen den Klimawandel hat als die sich entwickelnden Länder. Tatsächlich taucht etwas Ähnliches ein paar Zeilen weiter unten auf: Der Klimawandel erfordert die Kooperation und die Teilnahme aller Länder „entsprechend ihren gemeinsamen, aber dennoch unterschiedlichen Verantwortlichkeiten, ihren jeweiligen Fähigkeiten sowie ihrer sozialen und wirtschaftlichen Lage“. Es geht weiter mit der Anerkennung „der Notwendigkeit, dass entwickelte Länder Sofortmaßnahmen ergreifen müssen“. Die entwickelte Welt „sollte den Kampf gegen den Klimawandel anführen“, während sie der sich entwickelnden Welt gleichzeitig Raum für Fortschritte lässt: „Sie werden ihren Energieverbrauch steigern müssen.“ Diese Punkte werden ebenfalls in dem Dokument abgehandelt. Eine Version des Vorsorgeprinzips lautet: „Die Vertragsparteien sollen Vorsorgemaßnahmen treffen, um die Ursachen der Klimaänderungen [...] so gering wie möglich zu halten und die nachteiligen Auswirkungen der Klimaänderungen abzuschwächen.“ All dies scheint ein Weg zu sein, dem ersten und zweiten Kriterium der Angemessenheit zu entsprechen.

Sogar das dritte Kriterium wird annähernd berücksichtigt. Das oberste Ziel des UNFCCC ist die

> „Stabilisierung der Treibhausgaskonzentrationen in der Atmosphäre auf einem Niveau, auf dem eine gefährliche anthropogene Störung des Klimasystems verhindert wird. Ein solches Niveau ist innerhalb eines Zeitraums zu erreichen, der ausreicht, dass sich die Ökosysteme auf natürliche Weise den Klimaänderungen anpassen können, die Nahrungs-

mittelerzeugung nicht bedroht wird und die wirtschaftliche Entwicklung auf nachhaltige Weise fortgeführt werden kann."

Das Übereinkommen liefert sogar ein recht eindeutiges Ziel: Die Länder sollten freiwillig versuchen, zu ihrem Treibhausgasemissionsniveau von 1990 zurückzukehren. Es ist auch die Rede von Nachhaltigkeit, ebenso wie von künftigen Generationen, auch wenn es keine besondere Begründung für dieses Ziel oder eine begleitende Betrachtung der Werte gibt.

Wirklich schwierig ist, dass nichts von dem in irgendeiner Weise die Unterzeichnenden tatsächlich bindet. Es ist nicht einfach, einen Handlungsvorschlag anhand moralischer Gründe zu beurteilen, wenn der Vorschlag die Länder nicht auch zum Handeln verpflichtet. Der Vertrag gibt lediglich einen Rahmen vor, innerhalb dessen bestimmte Grundsätze liegen. Er bindet kein Land an Ziele oder Fristen, aber er postuliert vor diesem Hintergrund, in Zukunft in die beschriebene Richtung zu arbeiten. Die freiwilligen Ziele des UNFCCC haben, nebenbei gesagt, in den 1990er Jahren nicht viel zur Eindämmung der Emissionen getan. Bis zum Jahr 2000 waren zum Beispiel die Treibhausgasemissionen der Vereinigten Staaten um vierzehn Prozent gegenüber dem Niveau von 1990 gestiegen.[79] Kyoto ist der aktuelle Vorstoß, etwas zu unternehmen, um den Ländern verbindliche Ziele aufzuerlegen. Obwohl das UNFCCC auf dem Weg ist, dem Kriterium der moralischen Angemessenheit zu entsprechen, werden wir uns das Protokoll von Kyoto ansehen müssen, wenn uns der moralische Wert der weltweiten Anstrengungen gegen den Klimawandel interessiert.

Seit der Ratifizierung des UNFCCC gab es jährliche Konferenzen der Vertragsparteien. Das Protokoll von Kyoto wurde 1997 auf der dritten Konferenz eingebracht. Die Rahmenbedingungen dieses Vertrags sind so gefasst, dass er nur in Kraft treten kann, wenn er von mindestens 55 industrialisierten Ländern ratifiziert wird, einschließlich Ländern, die den Übergangsprozess zur Marktwirtschaft durchlaufen, die zusammen für mindestens 55 Prozent der gesamten Treibhausgasemissionen des Jahres 1990 verantwortlich sind. Australien und die Vereinigten Staaten verweigerten bekanntlich, den Vertrag zu ratifizieren. Angesichts des Wertes von 55 Prozent und ihren riesigen Emissionen scheiterte Kyoto fast an ihnen. 1997 stimmte der US-Kongress gegen jegliche Ratifizierung von UN-Ausfertigungen, die den sich entwickelnden Ländern keine verbindlichen Emissionseinschnitte auferlegen – wir haben auch gesehen, dass die Regierung unter Bush ebenfalls gegen Kyoto argumentierte. Als Russland endlich den Vertrag ratifizierte, waren genug Staaten an Bord und Kyoto wurde schließlich im Februar 2005 verbindlich.

Kyoto wirkt auf verschiedene Weise. Bemerkenswerterweise erlegt es den teilnehmenden Staaten bestimmte Emissionsziele auf. Gesamtziel ist, die Emissionen zumindest um fünf Prozent unter das Niveau der teilnehmenden Staaten von 1990 zu senken, und jeder Staat hat seine individuelle Zielvorgabe. Japan muss beispielsweise eine Reduktion um sechs Prozent anstreben; viele osteuropäische Staaten haben Zielvorgaben von acht Prozent; manche Staaten, wie Norwegen oder Island, dürfen ihre Emissionen erhöhen; von anderen wird erwartet, dass sie das Niveau von 1990 halten. Die EU entschied sich, sich zusammenzutun, und beabsichtigt als Einheit eine Verringerung von acht Prozent, was es einigen Staaten möglich macht, ihre Ziele zu verfehlen, während andere das ausgleichen.

Kyoto mahnt auch einen Zeitplan an: Die Ziele müssen zwischen 2008 und 2012 erreicht werden, ein Emissionshandel ist dabei erlaubt: Wenn ein Staat seine Zielvorgaben verfehlt, kann er Emissionsrechte von einem anderen Staat kaufen, der seine Zielvorgaben übererfüllt. Entwickelte Länder können auch Emissionsgutschriften erhalten, indem sie für ökologische Projekte in sich entwickelnden Ländern bezahlen (Mechanismus für umweltverträgliche Entwicklung) oder indem sie einem anderen entwickelten Land helfen, seine Emissionen zu verringern (gemeinsame Umsetzungsprojekte). Währenddessen wird von den sich entwickelnden Ländern erwartet, dass sie Vorbereitungen treffen, um sich an künftigen Runden für Emissionseinschnitte zu beteiligen.

Fragen Sie sich selbst, ob all dies das Kriterium der moralischen Angemessenheit erfüllt. Sie erwarten möglicherweise von einem moralisch angemessenen Vertrag, dass er den Verantwortlichen des Klimawandels große Forderungen zur Emissionsverringerung auferlegt, ebenso wie zusätzliche Forderungen an diejenigen, die gegenwärtig am besten in der Lage zu Gegenmaßnahmen sind. Es könnte bei den gegenwärtigen Emissionen mehr Gleichheit geben, indem denjenigen, die gegenwärtig am meisten ausstoßen, zusätzliche Verringerungen auferlegt würden. Die Begründung dafür müsste eine wissenschaftliche Begründung mit einer moralischen koppeln, die beide die Bedürfnisse und das Leben der künftigen Generationen ernst nehmen. Der Prozess, der die gesamte Übereinkunft stützt, wäre fair.

Hat Kyoto manches, einiges oder alles umgesetzt? Der vielleicht plausibelste Weg, diese Frage zu beantworten, ist eine Betrachtung einiger Zielsetzungen. Die einzelnen Ziele selbst basieren nicht auf Prinzipien, die mit

Verantwortung, Ansprüchen, gegenwärtiger Leistungsfähigkeit oder Nachhaltigkeit zusammenhängen, sondern auf etwas, was viele einen „Kuhhandel" nennen. Bevor sie sich von dem Vertrag ganz zurückgezogen haben, haben die Vereinigten Staaten und Australien hart dafür gekämpft, den Vertrag aufzuweichen. Sie haben sich zum Beispiel lieber dafür stark gemacht, dass ihre Wälder oder Walderhaltungsprogramme ihnen auf ihre Emissionszielvorgaben angerechnet werden, als der uneingeschränkten Verringerung der Emissionen zuzustimmen.[80] Hätte Australien den Vertrag ratifiziert, dann hätten es die Zugeständnisse immer noch ermöglicht, seine Emissionen um acht Prozent zu erhöhen. Die EU konnte durchsetzen, als eine Einheit zu fungieren, mit einer gemeinsamen Emissionszielvorgabe von acht Prozent, wobei sie wusste, dass diese Zielvorgabe durch die Einbeziehung osteuropäischer Staaten einfacher würde, deren Emissionen entsprechend ihren gebeutelten Volkswirtschaften abgesunken sind. Nach 1990 sanken Russlands Emissionen mitsamt seiner zerfallenden Wirtschaft unter das Niveau von 1990, und es scheint möglich, dass Russland in dem Wissen unterzeichnete, dass es sehr viel Geld durch den Verkauf von Emissionsrechten an Länder erzielen könnte, die selbst nicht in der Lage sind, ihre Ziele zu erreichen. Die in Kyoto für die einzelnen Länder angesetzten Ziele beruhen auf Egoismus, nicht auf moralischen Prinzipien, gewiss nicht auf der Anerkennung vergangenen Unrechts oder gegenwärtiger Ungerechtigkeiten.

Fügen Sie dem einen Gedanken zum Nachhaltigkeitserfordernis unter wissenschaftlichen und moralischen Aspekten hinzu. Das Kyoto-Protokoll gibt keine wissenschaftliche oder moralische Begründung für sein Fünf-Prozent-Ziel. Dieses Ziel ist ohnehin kaum zu rechtfertigen. Es ist geradezu lächerlich gering – verglichen mit den riesigen Einschnitten, die von fast allen seriösen Instanzen befürwortet werden – wie wir gesehen haben, entsprechen Einschnitte von 60 bis 80 Prozent des Niveaus von 1990 bis zum Jahr 2050 dem gängigen Denken. Manche sagen, größere Einschnitte seien sogar vor Mitte des Jahrhunderts erforderlich. Das Risiko für die Menschen, das mit den winzigen Schritten von Kyoto einhergeht, deutet an, dass die Sorge um den Wert des Lebens wenig damit zu tun hat. Auch wenn Sie genau hinsehen, ist es schwierig zu erkennen, wie das Kyoto-Ziel im Hinblick auf ein vernünftiges Verständnis der Klimawissenschaften oder eine angemessene Vorstellung des Wertes menschlichen Lebens einen Sinn ergeben könnte. Diese Zielvorgabe lässt keinerlei wissenschaftliche oder moralische Begründung erkennen.

Denken Sie nun an das vierte Kriterium: Verfahrensgerechtigkeit. Sicher ist das Verfahren des Abkommens defizitär – weder gerecht noch fair. Ich denke jetzt nicht an Kuhhandel, aber an die Tatsache, dass es keine Maßnahmen gab, um die Gleichheit der Mitwirkenden in Bezug auf das Verfahren selbst sicherzustellen. Die reiche, industrialisierte Welt erkannte vermutlich ihre vielen Vorteile und nutzte sie, um sich weitere Vorteile zu sichern – zweifellos auf Kosten schwächerer Länder.

Das Wort „Schikane“ wurde benutzt, weitere liegen nahe. Ein Verfahren kann sicherlich nicht „gerecht“ genannt werden, wenn diejenigen, die die großen Lasten tragen sollen, in dem Verfahren so wenig zu sagen haben. Die Armen und Schwachen, diejenigen, die am wenigsten in der Lage sind, sich an den Klimawandel anzupassen, haben die schwersten Lasten bekommen: steigende Gezeiten, Trockenheit, Missernten, weitere Krankheiten, Wasserknappheit und so weiter. Diese Tatsache hätte solchen Ländern eine viel größere Rolle in den Verhandlungen zuweisen müssen. Dies war so aber nicht.[81]

Vielleicht denken Sie nun: Warten Sie einen Moment! Vielleicht hat Kyoto moralische Mängel, aber wir müssen irgendwo anfangen. Es wurde behauptet, dass ein erster – selbst ein winzig kleiner – Schritt in die richtige Richtung Begründung genug sei. Schwer genug war es, überhaupt die erforderliche Anzahl industrialisierter Staaten für ein Inkrafttreten zusammen zu bekommen. Wir sollten aber nicht bloß auf die moralischen Schwächen des Abkommens schauen; es hat durchaus einen Wert. Immerhin gibt es nun einen Rahmen für Emissionseinschnitte. Wir haben bewiesen, dass eine weltweite Zusammenarbeit gegen den Klimawandel möglich ist. Vielleicht heiligt der Zweck die Mittel.[82]

Es gibt überlieferte Denkweisen, die zugestehen, dass manchmal der Zweck die Mittel heiligt. Man kann eine moralisch fragwürdige Handlung entschuldigen, wenn die Handlung selbst zu etwas Erstrebenswerten führt, das man anderweitig nicht hätte haben können. In der Entschuldigung liegen dann zwei Aspekte: Der erhaltene Gegenstand, der Zweck, ist erstrebenswert und die gewählten Mittel sind die einzige Möglichkeit, dahin zu kommen. Manchmal gibt es eine dritte Komponente: Die Mittel dürfen nicht allzu schlecht sein. Niemand denkt, dass Massenmord durch einen wertvollen Zweck gerechtfertigt sein könnte. Andere Komponenten können dem hinzugefügt werden.

Um an diese Sichtweise zu glauben – dass Kyoto ein Mittel zu einem erstrebenswerten Zweck ist –, müssen Sie zumindest daran glauben, dass der gewünschte Zweck überhaupt denkbar ist. Sie sollten die Überzeugung teilen, dass wegen Kyoto künftige Runden mit tieferen Einschnitten und mit stärker industrialisierten Teilnehmerländern eine gute Chance auf Umsetzung haben. Sie brauchen dafür allerdings gute Gründe; es kann nicht nur Wunschdenken sein. Anderenfalls wird Kyoto nicht mehr sein als eine moralisch unangemessene Handlung, die sich auf die bloße Hoffnung auf etwas Gutes gründet. Sie brauchen aber mehr als Hoffnung, wenn Ihre Ansicht hieb- und stichfest sein soll. Es muss auch sicher sein, dass Ihr fragwürdiges Mittel der einzige Weg ist, den gewollten guten Zweck zu erreichen. Kyoto muss damit der einzig mögliche Weg sein, den künftigen guten Zweck eines bedeutsamen Vertrags mit beträchtlichen und bindenden Emissionseinschnitten zu erreichen. Es gibt aber zumindest einen alternativen Weg, um zu solch einem Vertrag zu kommen, und das ist, mit ihm zu beginnen. Schließlich müssen Sie auch sicher sein, dass Kyoto doch nicht so übel ist; auch wenn es zutrifft, dass Kyoto fast zwanzig Jahre Stillstand für wichtige Einschnitte bedeutet, und vielleicht ist dies ein ziemlich großes Unrecht – ein großer Schaden, den unsere Regierungen gegenwärtigen und künftigen Generationen zufügen. Möglicherweise ziehen Sie den Schluss, dass die Regierungen der Welt stattdessen etwas viel Besseres hätten tun können. Vielleicht sind in diesem Fall die Mittel nicht zu rechtfertigten.

Wie hätten sie es besser machen können? Was könnte die Welt jetzt tun? Da es mehrere Möglichkeiten gibt, müssen wir den Bereich eingrenzen.[83]

Angesichts ihrer offensichtlichen Unfähigkeit, das Kriterium der moralischen Angemessenheit zu erfüllen, werden wir einige Vorschläge geradewegs ausklammern. Betrachten Sie beispielsweise alle Varianten der kühnen Ansicht, dass der Status quo beibehalten werden sollte.[84] Man könnte behaupten, dass eine bestehende Gewohnheit so etwas wie ein Recht zur Emission verleiht. Alle Länder wären also zur Emissionsverringerung aufgefordert, aber die künftige Aufteilung sollte auf den jeweiligen gegenwärtigen Emissionsanteilen basieren. Wenn Kuba für ein Prozent der gegenwärtigen Emissionen verantwortlich ist, so sollte ihm ein Prozent der künftigen Emissionen zustehen, wie hoch die weltweiten Verringerungen auch sein müssen. Möglicherweise können Sie sich das selbst einreden, indem Sie an die Rechte illegaler Siedler denken oder an eine utilitaristische Verworrenheit, die mit dem Vermeiden von Leiden zu tun hat, welche durch die Veränderung eines an Bequemlichkeit gewöhnten Lebens verursacht werden. Sie können sich davon wieder lösen, indem Sie über drei

Dinge nachdenken, die Vorrang haben: historische Verantwortung, gegenwärtige Leistungsfähigkeit und künftiges menschliches Leben. Das Leid, ein Leben ohne die gewohnte Bequemlichkeit zu führen, wird beispielsweise von dem Leid übertrumpft, schlicht zu verhungern.

Wir werden auch manche Vorschläge ausklammern, die es durchaus wert sind, in anderen Zusammenhängen betrachtet zu werden. Unser verfügbares Kriterium ist am besten auf voll ausgearbeitete, verständliche Vorschläge zu Maßnahmen gegen den Klimawandel anwendbar, daher betrachten wir diese. Es sind noch andere Dinge im Umlauf, wie grundsätzliche Vorschläge und lange Reden über den Umgang mit bestimmten Teilen der Verhandlungen über den Klimawandel.[85] Solche Dinge könnten gegen einige Unterpunkte des Aspekts der moralischen Angemessenheit gesetzt werden oder wir könnten sie alle zu nutzen wollen.

Wir werden auch andere Vorschläge außer Acht lassen, gemischte Vorschläge, die Elemente enthalten, die mehr als eine Art der Herangehensweise hervorheben.

Wir werden lediglich zwei weit ausgefeilte Vorschläge betrachten, die viele der anderen gängigen in sich bergen. Der Erste scheint das Kriterium der Angemessenheit zu erfüllen; der Zweite nicht, aber er begründet dies. Möglicherweise meinen Sie auch, dass die beiden Vorschläge zwei Dinge von vielleicht sowieso gleicher Bedeutung betonen: Emissionsrechte im Gegensatz zu den Lasten, die mit Maßnahmen gegen den Klimawandel verbunden sind. Die Gegenüberstellung könnte uns helfen, diese Vorschläge klarer zu sehen, und bringt uns direkt ins Zentrum eines großen Dilemmas, das mit den Verhandlungen über den Klimawandel verbunden ist. Es ist möglicherweise das größte Dilemma überhaupt. Zweifellos gibt es noch andere Vorschläge mit moralischen Kriterien, die manchen vorschweben, aber wir werden zunächst den paritätischen Pro-Kopf-Anteil betrachten, der augenscheinlich alle Kriterien erfüllt.[86]

Paritätischer Pro-Kopf-Anteil

Die wohl offensichtlichste Lösung des Problems der Emissionsrechte ist eine, die am ehesten mit einem normalen Gerechtigkeitsempfinden zusammenpasst. Beginnen wir mit der Tatsache, dass die Absorptionsfähigkeit der Erde für Treibhausgase begrenzt ist. Wenn es tatsächlich ein Emissionsniveau gibt, von dem wir denken, die Erde könne ohne unnötige

Gefahr damit umgehen, dann sollten die möglichen Emissionen gleichmäßig aufgeteilt werden. Jeder sollte ein gleiches Stück vom globalen Kuchen erhalten.

Singer argumentiert beispielsweise, dass wir nur versuchen könnten, die Emissionen auf dem gegenwärtigen Level zu stabilisieren. Als er das schrieb, behauptete er, dass sich dies auf eine Tonne Kohlendioxidemissionen pro Person und Jahr beliefe. „Dies stellt daher die grundlegende, gleiche Berechtigung jedes Menschen auf der Erde dar.“[87] Singer vergleicht diese Zuteilung mit den tatsächlichen Pro-Kopf-Emissionen und zeigt weiter, dass Länder in der sich entwickelnden Welt Raum zum Wachsen haben, Raum, ihre Emissionen zu steigern, da der derzeitige Durchschnitt dort bei ungefähr 0,6 Tonnen pro Kopf liegt. China beispielsweise könnte seine Emissionen um bis zu 33 Prozent erhöhen. Die entwickelte Welt würde jedoch große Einschnitte machen müssen. Die Vereinigten Staaten müssten ihre Emissionen sogar auf ungefähr ein Fünftel ihres gegenwärtigen Niveaus beschränken.

Schnell zeigen sich viele Probleme, die zu Veränderungen oder Zusätzen zum paritätischen Pro-Kopf-Vorschlag führen. Nach Singers Darstellung könnte die sich entwickelnde Welt „großzügig die Vergangenheit übersehen“ und zustimmen, das Augenmerk nur auf die derzeitigen Pro-Kopf-Anteile zu richten. Damit zielt Singer darauf ab, diesen Vorschlag den Regierungen der reichen Länder zumindest ein bisschen schmackhaft zu machen, und wir werden darauf in Kürze zurückkommen. Aber wenn Sie überzeugt sind, dass das erste Kriterium der moralischen Angemessenheit wichtig ist, könnten Sie darauf beharren, dass historische Verantwortung eine Rolle spielt. Singer selbst denkt darüber ansatzweise nach, argumentiert, dass das Berücksichtigen eines rückwärtsgewandten Prinzips – wie eines historischen Gerechtigkeitsprinzips oder des Gedankens, dass die Verursacher für ihre Verschmutzung bezahlen müssen – die entwickelte Welt mit weit weniger als dem paritätischen Pro-Kopf-Anteil zurücklässt. Angesichts der Wahrscheinlichkeit, dass ein gefährlicher anthropogener Klimawandel bereits im Gange ist, könnte es gut sein, dass die Betrachtung der Vergangenheit in der Schlussfolgerung endet, dass die entwickelte Welt bereits mehr als ihren Anteil an der Minderung aufgebraucht hat. Sie ist dann nicht zu weiteren Emissionen berechtigt.

Hier stoßen wir auf eine besonders schwierige Frage. Wie können wir unterschiedliche Arten oder Ausmaße von Verantwortung in einen gerechten Vorschlag für Emissionsrechte einfließen lassen?[88] Wenn wir historische Erfordernisse so interpretieren, dass man ihnen nur durch einen unmittelbaren Einfluss auf die Emissionsrechte gerecht werden kann, dann könnten wir mit etwas Schrecklichem alleingelassen werden: mit dem Beharren darauf, dass die entwickelte Welt nicht einmal zu lebenserhaltenden Emissionen mehr berechtigt ist, dass es irgendwie richtig ist, dass die Menschen in der entwickelten Welt eher sterben als mehr von den Ressourcen der Erde zu nutzen.[89] Vielleicht ist dies eine *reductio ad absurdum* zumindest einiger Arten der direkten Interpretation historischer Verantwortung. Mit anderen Worten, wenn die direkte Interpretation in dieser nicht tolerierbaren Schlussfolgerung endet, dann muss an ihr etwas falsch sein. Vermutlich ist eine Art indirekte Verbindung erforderlich, und der übliche Vorschlag hat mit Geld zu tun.

Hier ein Entwurf für Sie: Die konkreten Zahlen der Kosten für die Schadensminderungsstrategie, die der sich entwickelnden Welt abverlangt werden kann, werden vielleicht angegeben, und die Beiträge der entwickelten Länder beruhen auf ihren jeweiligen kumulierten Emissionen, die irgendwie an ihre gegenwärtige Zahlungsfähigkeit gekoppelt sind. Unter Umständen werden Mittel zur Katastrophenhilfe, Unterbringung, medizinischen Hilfe und so weiter bereitgestellt, die bis hin zu Anpassungskosten der sich entwickelnden Welt gehen könnten. Wieder entsprechen die Beiträge der historischen Verantwortung – vielleicht werden die kumulierten Gesamtemissionen in Kostenanteile umgewandelt. Die erforderliche Geldmenge wäre zweifellos gigantisch. Tatsächlich würde eine Menge des Reichtums, der von den industrialisierten Ländern – mittels Treibhausgasemissionen – angehäuft wurde, nun in die armen Länder fließen, unter denen auch diejenigen sind, die unter den Emissionen am meisten leiden werden. Es ist eine indirekte, aber eventuell gerechte Verbindung.

Wenn Sie ein wenig über das zweite Kriterium für moralische Angemessenheit nachdenken – mit der gegenwärtigen Leistungsfähigkeit befasst –, so dürften Ihnen eine Reihe praktischer Probleme mit der Pro-Kopf-Lösung auffallen. Vermutlich benötigen Menschen in verschiedenen Ländern die Emissionen für unterschiedliche Dinge. Manche dieser „Notwendigkeiten" sind erfunden, aber ich denke an Notwendigkeiten, die mit den Zufällen der Geografie verbunden sind. Lebenserhaltende Emissionen sind, mit anderen Worten, nicht alle gleich. Der durchschnittliche Norweger benötigt möglicherweise mehr Emissionsanteile als der durchschnittliche Amerikaner, denn Norwegen ist im Winter kälter und ohne Heizung würden viele Menschen erfrieren. Vielleicht reichen die Emissionsanteile in einem Land, das Geld für Effizienzsteigerungen ausgeben kann, weiter. Es ist auch richtig, dass Menschen in einem Land Emissionsanteile verbrauchen können, indem sie für Menschen in einem anderen Land Dinge herstellen – manchmal produziert ein Land Energie und verkauft sie an ein anderes. Vielleicht können die mit den verlorenen Emissionen verbundenen Kosten in den Endkosten des Gutes abgebildet werden.

Ein weiteres praktisches Problem taucht ebenso schnell auf. Wenn wir zustimmen, dass Emissionsrechte auf der Bevölkerungsanzahl basieren sollten, dann ermutigen wir tatsächlich zu etwas, was unsere Probleme auf der Erde verschlimmert: zu Bevölkerungswachstum. Es wurde vorgeschlagen, die Rechte an die Bevölkerungszahlen einer bestimmten Zeit zu knüpfen. Singer beispielsweise argumentiert, dass Pro-Kopf-Rechte auf Schätzungen der Bevölkerung eines Landes für die Zukunft basieren sollten, um zu vermeiden, Länder mit jungen Bevölkerungen zu bestrafen. Egal was sie befürworten, paritätische Pro-Kopf-Rechte sind möglicherweise nicht so einfach zu handhaben, wie es scheint.

Sie könnten sich hier auch einem auch theoretischen Problem gegenüber sehen, das mit der Verpflichtung zur Armenhilfe zusammenhängt. Rawls behauptet beispielsweise, dass wir möglicherweise gute Gründe dafür haben, von einer gleichen Ressourcenverteilung auszugehen, wenn wir den Ärmsten helfen wollen.[90] Tatsächlich haben wir hierzu möglicherweise eine generelle Verpflichtung, und wenn Ihnen das sehr wichtig ist, dann denken Sie möglicherweise, dass paritätische Pro-Kopf-Anteile für Emissionen, obwohl sie augenscheinlich gerecht sind, tatsächlich zu einer Art moralischem Fehler führen. Sie könnten annehmen, dass jede Verteilung, die die Reichen reich und die Armen arm zurücklässt, nicht gerechtfertigt sein kann, auch keine gleiche Verteilung nach Köpfen. Solange andere Ungleichheiten nicht angegangen sind, ist die Entscheidung für einfache paritätische Emissionsrechte an sich auf gewisse Weise falsch. Allerdings sind diese Probleme und Sorgen keine hinreichenden Einwände. Die paritätische Pro-Kopf-Option ist sicherlich eine interessante Möglichkeit. Eines der überzeugendsten Modelle heißt „Kontraktion und Konvergenz" (K&K) und erhält zu Recht erhebliche Aufmerksamkeit.[91] Wie der Name bereits andeutet, ist K&K ein zweiteiliges Modell. Die Regierungen der Welt beginnen damit, ein Abkommen über ein bestimmtes Treibhausgasziel zu erreichen: die Einführung eines weltweiten Grenzwerts für Emissionen und ein Datum, wann dieses Ziel erreicht sein muss. K&K kann dann bestimmen, wie schnell dafür die gegenwärtigen Emissionen schrumpfen müssen. Auf dem Weg zum Zieldatum nähern sich die weltweiten Emissionen paritätischen Pro-Kopf-Anteilen an.

Die moralische Angemessenheit dieses spezifischen Vorschlags hängt davon ab, wie seine Teile umgesetzt werden. Das Global Commons Institute, der größte Befürworter von K&K, betont bei seiner Argumentation das Nachhaltigkeitskriterium: Der Treibhausgasetat, für den wir uns entscheiden, sollte auf den besten wissenschaftlichen Ergebnissen beruhen und insofern extrem sicher sein. Auf die historische Verantwortung wird kein großer Wert gelegt, aber sicher setzt K&K größere Lasten für schnellere und erheblichere Verringerungen bei den entwickelten Ländern voraus. Es erfüllt zumindest die meisten Kriterien hinsichtlich der gegenwärtigen Leistungsfähigkeit und der Rechte, offensichtlich vor allem deshalb, weil es eine paritätische Pro-Kopf-Verteilung anstrebt, aber auch, weil es den Emissionshandel gestattet. Was auch immer er sonst noch bewirkt, mit Sicherheit verringert der Emissionshandel die Kluft zwischen Reichen und Armen. Schließlich befindet sich K&K zumindest auf dem langen Weg in Richtung prozessualer Fairness. Da es in der Vorstellung verwurzelt ist, dass jeder gleichen Zugang zur Atmosphäre hat, gibt es einfach keinen Platz für Kuhhandel oder Schikane. Vom moralischen Standpunkt aus ist K&K sehr empfehlenswert.

Vergleichbare Belastungen

Der Gedanke, den entwickelten Ländern bestimmte Zugeständnisse zu machen, nur um sie zur Teilnahme zu bewegen, ist bereits zweimal aufgetaucht. Wie wir gesehen haben, ist das eine mögliche Antwort auf die Fehler von Kyoto. Singer schlägt ebenfalls vor, dass die sich entwickelnden Länder großzügig über die Vergangenheit hinwegsehen sollten, und es steht zu vermuten, dass solche gezielte Rücksichtnahme auf der Hoffnung beruht, dass die Reichen den Pro-Kopf-Anteilen zustimmen könnten. Ich habe erörtert, dass so etwas Kyoto nicht entschuldigt, aber nichts, was ich früher gesagt habe, schließt die Möglichkeit einmaliger Zugeständnisse aus, wenn sie es von einem moralischen Standpunkt aus wert sein könnten. Begründung und zugleich Schwierigkeit ist, dass moralische Erfordernisse miteinander in Konflikt geraten können.

Nichts wäre leichter, als einfach die Vorschläge, die moralisch unangemessen sind, beiseite zu legen, aber das ist doch zu vorschnell. Es gibt eine konzeptuelle Unordnung in einigen ehrlichen Überlegungen über richtiges Handeln, und das kann uns dazu zwingen, gründlich über unsere Wertehierarchie nachzudenken. Manche Fälle sind einfacher als andere. Wenn ein Axtmörder an Ihre Tür kommt und darauf besteht, Ihre Axt auszuleihen, sollten Sie lügen und sagen, dass Sie keine haben? Man muss nicht viel nachdenken, um zu der Schlussfolgerung zu kommen, dass Ehrlichkeit wichtig, aber menschliches Leben wichtiger ist. Lügen Sie drauflos. Unter diesen Umständen ist es gerechtfertigt.

Wenn weite Teile der entwickelten Welt Maßnahmen gegen den Klimawandel nicht zustimmen, falls die Emissionen der Vergangenheit nicht weitgehend ausgeklammert werden, ist es dann richtig, sie auszuklammern? Beachten Sie, dass dies keine Frage der Praktikabilität oder dessen, „was realistisch" erscheint ist, sondern eine moralische Frage über richtiges Handeln. Wie wir gesehen haben, können moralische Überlegungen sämtliche wirtschaftlichen und praktischen Erwägungen übertrumpfen. Wir überlegen uns gerade, ob es einen moralischen Grund dafür gibt, die Ungleichheiten der Vergangenheit auszuklammern. Darin liegt ein Konflikt zwischen zweien unserer Kriterien: zwischen historischer Verantwortung und Nachhaltigkeit. Welchen Rang sollen wir ihnen jeweils einräumen?

Es gibt Prinzipien, die beide unterstützen, und über die im Folgenden reflektiert wird. Gedanken über historische Verantwortung hängen etwa von dem Verursacherprinzip ab, ebenso wie von dem Zusammenhang zwischen ursächlicher und moralischer Verantwortung, die Gegenstand des dritten Kapitels waren: „Wenn Sie etwas zerbrechen, sind Sie zum Kauf verpflichtet." Gedanken über Nachhaltigkeit werden durch den Lebenswert vieler heutiger und zukünftiger Menschen untermauert. Letzterer scheint mir wichtiger als moralische und kausale Verantwortlichkeit. Es ist eine schreckliche Wahl, aber sollten wir es tun, wenn es der einzige Weg wäre, eine verbindliche und wirksame Verpflichtung der weltgrößten Umweltverschmutzer zu gewinnen?

Dieser Gedankengang legt nahe, dass unser Schwerpunkt auf etwas anderem als auf gleichen Pro-Kopf-Emissionsanteilen liegen sollte, auf etwas, das nicht alle oder fast alle Lasten den reicheren Staaten der Erde zuordnet. Stattdessen könnten wir erwägen, etwas für die Reichen Akzeptableres zu vertreten: gleiche Grenzkosten, vergleichbare Lasten oder eine gerechte Aufgabenverteilung, die auf die Veränderungen unseres Klimas und unserer Energienutzung bezogen sind.

Traxler sieht das Problem des Klimawandels als ein Problem des Allgemeinguts an, das, wie wir gesehen haben, sich durch eine starke Abneigung gegen eine Zusammenarbeit zum Erreichen eines gemeinsamen Ziels auszeichnet. Der Impuls, egoistisch zu handeln, wird möglicherweise geringer, Zusammenarbeit wahrscheinlicher, wenn jeder sieht, dass alle anderen ebenso zu dem gemeinsamen Ziel beitragen. Das lässt sich bei gerechter Aufteilung der für das Ziel erforderlichen Aufgaben erreichen. Gleichermaßen belastende Anteile werden für Traxler durch Opportunitätskosten definiert. Opportunitätskosten, so argumentiert er,

> „messen den Unterschied der Erträge (des infrage stehenden Landes) der Nutzung seiner Ressourcen zum Umgang mit dem Klimawandel, statt sie auf andere, vermutlich einträglichere oder vorteilhaftere Weise zu verwenden. Das ist die Last, die ein Land schultert: die Gelegenheit für versäumten Fortschritt."[92]

Daher sind die Anteile der Lasten, die mit den Maßnahmen gegen den Klimawandel verbunden sind, für jeden Staat gleich schmerzhaft, auch wenn die tatsächlichen Kosten in blanker Münze sehr unterschiedlich ausfallen.

Nach Traxler liegen darin drei Vorteile: Erstens klammert diese Sichtweise Ungerechtigkeiten aus der Vergangenheit aus, vermeidet Schuldzuweisungen und damit Feindseligkeiten; deshalb besteht eine beachtliche Chance, dass sie zu einer Übereinkunft führt. Er argumentiert, dass wir ferner eine breite Zustimmung über internationale Verteilungsgerechtigkeit bräuchten, wenn wir die Emissionsgeschichte in Betracht ziehen und diese Geschichte in Rechte übertragen würden. Er bezweifelt, „dass ein solches Übereinkommen zu unseren Lebzeiten wahrscheinlich ist", und schlussfolgert deshalb, dass es darauf hinausläuft, die Maßnahmen gegen den Klimawandel auf unbestimmte Zeit aufzuschieben, wenn man die Geschichte ernst nimmt.

Wenn das wahr wäre, hätten wir einen offenen Konflikt zwischen historischer Verantwortung und Nachhaltigkeit, aber – wie Gardiner überzeugend aufzeigt – gibt es wirklich keinen Grund zu denken, dass es einer vollständigen Analyse der internationalen Gerechtigkeit bedarf, bevor Verhandlungen beginnen oder Einschnitte vollzogen werden können.[93] Man kann sich auch fragen, ob das Ausklammern der Geschichte wirklich Feindseligkeiten vermeidet, wie Traxler behauptet, oder vielmehr zu solchen führt. Es dürfte eine Menge Feindseligkeiten, insbesondere in Brasilien, geben, sofern wir uns zum Ausklammern der Vergangenheit entscheiden. Ein Kompromiss ist gefragt, aber warum sollte man ihn zugunsten der Reichen erzwingen?

Zweitens behauptet Traxler, dass die Akzeptanz gerechter Aufgaben nebenbei dazu beiträgt, Gerechtigkeit an und für sich anzunehmen. Dies dürfte schwächeren Nationen zu einer günstigeren Übereinkunft verhelfen, denn jeder kann von Beginn an die Ungerechtigkeit anderer Verhandlungsergebnisse ausmachen. Allerdings – fast nicht der Erwähnung wert – würden die vier anderen Kriterien der moralischen Angemessenheit Ähnliches leisten, vielleicht sogar besser. Sicherlich würden auch sie einen Rahmen zur Sicherung einer möglichst gerechten Übereinkunft bieten. Wenn es außerdem wichtig ist, schwächeren Staaten zu helfen, wenn es ungefähr das ist, was das Gerechtigkeits-Konzept empfiehlt, dann spielt die Bedeutung der Emissionen der Vergangenheit auch eine Rolle, oder?

Drittens, was für Traxler und uns am wichtigsten ist: Die gerechte Aufgabenverteilung gibt keinem Staat ein Vorrecht, sich von der gemeinsamen Anstrengung zurückzuziehen. Dies, so behauptet er, „würde den größtmöglichen moralischen Druck auf jede Nation ausüben, ihren Teil zu tun". Wenn jeder mit gleich schmerzhaften Lasten zurechtkommen muss und jeder sehen kann, dass alle anderen Gleiches ertragen, dann ist Abtrünnigkeit weniger wahrscheinlich, als wenn etwa die Reichen gezwungen würden, riesige Einschnitte hinzunehmen, während die Armen weiter planlos emittieren. Traxler räumt ein, dass der Grundsatz der gerechten Aufgabenverteilung „durch die Vernachlässigung der vergangenen Ungerechtigkeiten moralisch problematisch bleibt", aber er „fördert die internationale Zusammenarbeit am Besten".

Wohin führt uns dieser Gedanke? Sehen wir von der Möglichkeit ab, dass Traxler bezüglich der gerechten Aufgaben als beste Chance für die internationale Zusammenarbeit Unrecht hat, und nehmen wir theoretisch an, dass er recht hat.[94] Nehmen Sie an, es wäre wahr, dass ein moralisch problematisches Übereinkommen die beste Hoffnung für bedeutsame Maßnahmen gegen den Klimawandel darstellen würde. Sie müssen nicht viel gedanklichen Aufwand betreiben. Es ist schon möglich, dass die Vereinigten Staaten Kyoto unterzeichnet hätten, wenn die sich entwickelnde Welt etwas moralisch Problematischem zugestimmt hätte, nämlich unmittelbaren und bindenden Emissionseinschnitten. Die mächtigen Staaten der Erde bestanden wirklich auf den Zielen von Kyoto, die nichts mit Nachhaltigkeit, Verantwortung oder gegenwärtiger Leistungsfähigkeit zu tun hatten. Was ist, wenn sich herausstellt, dass es der einzige Weg zu internationaler Zusammenarbeit ist, sich auf ein moralisch problematisches Abkommen zu einigen?

Wie schon erwähnt, wenn es einen Konflikt zwischen Nachhaltigkeit und anderen Kriterien gibt – in diesem Fall dem der historischen Verantwortung –, dann habe ich das Gefühl, dass die Nachhaltigkeit überwiegt. Ich habe zwar kein schlagendes Argument dafür, aber mich beunruhigen die Konsequenzen einer Ablehnung. Nehmen Sie stattdessen an, dass wir sagen, es sei richtig, an den Grundsätzen festzuhalten, sogar wenn das bedeutet, dass wir ohne ein Abkommen über bedeutsame Maßnahmen gegen den Klimawandel enden. Vielleicht ist diese Haltung so lange akzeptabel, bis Sie ein bisschen über die Menschen nachdenken, die dafür werden leiden müssen: Über die, die nach uns in eine nicht nachhaltige Welt kommen, und ebenso über diejenigen, die bereits jetzt leiden und selbst durch ein problematisches Abkommen besser gestellt sein würden. Wenn Sie möchten, sterben Sie doch für Ihre Prinzipien, aber können Sie mit Fug und Recht darauf bestehen, dass andere auch für Sie sterben?

Es gibt möglicherweise einen Ausweg, auch wenn es schwer möglich ist, dabei glücklich zu sein. Die Sorgen über die Abtrünnigkeit könnten der Grund dafür gewesen sein, weshalb die Verhandlungsführer sich auf weniger als ein moralisch befriedigendes Abkommen geeinigt haben. Traxler behauptet beispielsweise, dass das Problem der Verteilung der mit dem Klimawandel verbundenen Kosten durch die Tatsache verschlimmert wird, dass es keine überwachende Körperschaft, keine supranationale Behörde gibt, die die Einhaltung sicherstellen könnte. Er sagt, dass eine gerechte Aufgabenverteilung „die internationale Zusammenarbeit am besten fördert, wenn eine solche Aufsichtsbehörde fehlt". Wenn sich Regierungen an Vereinbarungen halten, Verpflichtungen akzeptieren und moralische Verantwortung anerkennen, dann müssten wir uns vielleicht nicht auf moralisch fragwürdige Abkommen einigen. Vielleicht können widerspenstige Regierungen zur Einhaltung gezwungen werden. Wenn eine Regierung moralische Forderungen nicht als bindend empfindet, dann denken Sie am Ende vielleicht, dass Hobbes Recht hatte: „Verträge ohne das Schwert sind nichts als Worte." Zwang ist das, was nötig ist.

Sanktionen sind eine Art Schwert, von dem in diesem Zusammenhang manchmal die Rede ist – es gibt andere, schlimmere und problematischere, die wir hier ausklammern. Singer merkt an, dass Staaten früher mithilfe der Mechanismen der Vereinten Nationen gemeinsam einem Land Sanktionen auferlegten, weil es etwas Unethisches getan hatte oder weiter tat.[95]

Es gab Handelsembargos, das Einfrieren von Vermögen, verschiedene Formen des kulturellen Boykotts und andere ähnliche Arten des Protests. Singer zieht Südafrika unter der Apartheid als Beispiel heran. Viele Menschen stimmen zu, dass Sanktionen gegen Südafrika durchaus berechtigt waren. Angesichts dessen ist Singers Standpunkt erstaunlich:

> „Das Argument für Sanktionen gegen einen Staat, der oft schlimmes Leid für die Bürger eines anderen Landes verursacht, ist wohl sogar stärker als das Argument für Sanktionen gegen einen Staat wie Südafrika unter der Apartheid, da diese Regierung, so ungerecht ihre Grundsätze waren, nie eine Bedrohung für andere Länder darstellte."

Wenn Sanktionen gegen Südafrika für angemessen gehalten werden, so sind Sanktionen gegen ein Land noch notwendiger, wenn es sich seiner Verantwortung bezüglich des Klimawandels entzieht. Südafrika hat „nur" seinem eigenen Volk Leid zugefügt. Ein Land, das die Erfordernisse der Nachhaltigkeit nicht beachtet, ist am Leid der Menschen weltweit beteiligt, an den Dürren und Missernten, am Schicksal der Menschen, die jetzt und in Zukunft verhungern. Die Behauptung dürfte kaum zu weit gehen, dass Sanktionen nicht nur berechtigt, sondern zwingend erforderlich sind. Unternehmungen oder Maßnahmen von Bürgern innerhalb eines Landes, das sich unethisch verhält, sind auch eine Art Schwert.

Individuelle Wahlmöglichkeiten

Jeder kann wütend werden, das ist leicht. Aber wütend auf den Richtigen zu sein, im richtigen Maß, zur richtigen Zeit, zum richtigen Zweck und auf die richtige Art, das vermag nicht jeder und es ist nicht leicht.

Aristoteles

Ein Großteil des Buches handelte von der Ethik des Klimawandels im Hinblick auf ganze Personengruppen, nämlich Regierungen, Staaten oder große Körperschaften. Unser Blickwinkel verengt sich nun auf die Ethik des Klimawandels im Hinblick auf den Einzelnen. In philosophischen Texten wie auch anderswo ist oft von den moralischen Erfordernissen des Klimawandels die Rede, aber kaum ein Text beschäftigt sich mit denen, die an uns als Individuen gestellt werden. In populärwissenschaftlichen Büchern und öffentlichen Redebeiträgen findet man gelegentlich ein Schlusskapitel oder einen abschließenden Gedanken, in dem erklärt wird, „wie Sie die Erde retten können": vielleicht durch Recycling oder durch den Umstieg auf Energiesparlampen, auf jeden Fall aber, indem Sie Ihren CO_2-Ausstoß minimieren. Ich denke, Sie haben eine moralische Verpflichtung dazu, all diese kleinen Dinge zu tun und auch andere, größere. Ich denke, Sie sollten Ihr Leben ändern, vielleicht sogar radikal, je nachdem, wie Sie leben. Aber ich denke nicht, dass Sie die Erde retten können. Wir werden im weiteren Verlauf zu dieser vorerst ungesicherten Schlussfolgerung kommen.

Bis dahin möchte ich Ihnen noch eine Brücke bauen von den moralischen Forderungen, die an Regierungen gestellt werden, zu dem moralischen Stellenwert der durch jeden Einzelnen getroffenen Entscheidungen. Es gibt einen naheliegenden, wenn auch unbequemen Weg; eben genau diesen nehmen wir.

Noch einmal: Konsistente Gedankenführung

Die Bilanz von vielen der weltgrößten Umweltverschmutzer ist erschreckend, wenn es darum geht, gegen den Klimawandel vorzugehen. Wie wir gesehen haben, stehen die Vereinigten Staaten beispielsweise eigentlich unter einem sehr großen moralischen Druck, Maßnahmen zu ergreifen, aber tatsächlich haben sie, wenn überhaupt, sehr wenig dafür getan, ihre Emissionen zu verringern oder den im eigenen Land oder anderswo lebenden Armen bei einer Anpassung an gewandelte Klimabedingungen zu helfen. Jüngste Reaktionen auf das vielfältige Versagen der USA in diesem Zusammenhang bestehen oft aus moralischer Entrüstung.[96] Es ist schwer, diese Entrüstung als deplatziert oder unbegründet anzusehen, aber welche Argumente stützen sie? Wir haben darüber bereits ein wenig nachgedacht, aber es wird nicht schaden, dies noch einmal kurz zu thematisieren.

Erstens hat moralische Entrüstung über die USA mit der Beziehung zwischen ihrem CO_2-Ausstoß und ihrer Verpflichtung zu Gegenmaßnahmen zu tun. Die USA sind mit ihren weniger als fünf Prozent der Weltbevölkerung jedes Jahr unter den Ländern, die für den größten Anteil an CO_2-Emissionen verantwortlich zeichnen: für 24 Prozent der weltweiten Emissionen oder 5.872 Millionen metrische Tonnen.[97] Das ist schon eine ganze Weile so. Um Ihnen eine Vorstellung davon zu geben, wie unverhältnismäßig dieser Ausstoß ist, ziehen Sie einfach China zum Vergleich heran: Es nimmt den zweiten Platz auf der Liste ein – mit 14,5 Prozent der Emissionen oder 3.300 Millionen metrischen Tonnen. Beachten Sie aber dabei, dass China etwa eine Milliarde mehr Bewohner hat als die Vereinigten Staaten. Die Zahlen anderer Länder nehmen sich dagegen gering aus: Russland hat einen Ausstoß von 1.432 Millionen metrischen Tonnen oder einen Anteil von etwa 5,9 Prozent an den gesamten weltweiten Emissionen.

Uns sind die Details, die Maßnahmen moralisch erforderlich machen, bereits geläufig, aber nun nehmen Sie einfach den folgenden Satz für bare Münze: Wenn die USA für den größten Anteil der CO_2-Emissionen verantwortlich sind und diese CO_2-Emissionen eine der Ursachen für die nachteiligen Auswirkungen des Klimawandels darstellen, dann haben die USA auch die größte Verpflichtung, sofort Maßnahmen gegen den Klimawandel zu ergreifen. Die Tatsache, dass sie als größter Umweltverschmutzer bisher so wenig gegen den Klimawandel unternommen haben, ist einer der Gründe für die moralische Entrüstung.

Der zweite Grund liegt in der sogenannten „gegenwärtigen Leistungsfähigkeit“ und beruht auf der Forderung, dass die USA etwas gegen den Klimawandel tun sollten, denn sie sind dazu bestens aufgestellt. Man muss dabei zwei Aspekte berücksichtigen. Erstens: Ein hoher Prozentsatz der US-amerikanischen Emissionen sind Luxusemissionen im Vergleich mit den Emissionen der sogenannten Entwicklungsländer. Die Vereinigten Staaten sind auch in der Lage, die Emissionen zu verringern. Zweitens: Die USA sind gut genug aufgestellt, um die praktische Umsetzung anzugehen. Sie sind die einzige Supermacht der Welt. Sie haben die Köpfe, die wirtschaftliche Stärke und die allgemeinen Ressourcen, um sehr viel im Hinblick auf die CO_2-Emissionen zu erreichen. Trotz alldem haben sie nahezu nichts unternommen, um den Klimawandel zu verlangsamen oder sich an ihn anzupassen, aber ziemlich viel zur Verschärfung beigetragen.

Der dritte Grund für moralische Entrüstung dürfte Stimmen inspirieren, die lauter und lauter werden, wenn internationale Verträge zustande kommen sollen, die mehr Biss als Kyoto haben. Dieser Einwand hängt damit zusammen, dass einige Länder Schritte zur Verringerung ihrer Emissionen unternehmen und deshalb eine kurzfristige Unbequemlichkeit oder einen Schaden erleiden, während die Vereinigten Staaten ihre kurzfristigen Interessen und den damit zusammenhängenden Nutzen verfolgen.

Der Gedankengang, der dies stützt, scheint nicht so weit weg zu sein von einer egoistischen Variante von Einwänden. Sie kann viele Formen annehmen, die alle in unserem Denken über richtig und falsch verwurzelt sind. Vielleicht ist es nur die Ansicht, dass es falsch ist, etwas zu erhalten, während man nichts beiträgt, insbesondere wenn andere etwas beitragen. Vielleicht beruht sie auf einem leicht unterschiedlichen Grundsatz: Die Verfolgung von Eigeninteressen, während andere auf ihre Kosten Gruppeninteressen verfolgen, ist falsch. Es dürfte ungefähr so lauten: Etwas auf Kosten eines anderen zu bekommen, der nichts von seinem Nachteil weiß, ist falsch. Das Falsche daran kann durchaus auf einer anderen Vorstellung von Fairness oder Gerechtigkeit beruhen oder es hängt möglicherweise damit zusammen, andere einfach als zweckdienliche Mittel zu betrachten.

Andere Quellen moralischer Entrüstung sind denkbar – wir ignorieren im Moment Überlegungen zur Nachhaltigkeit, zu Ökosystemen und anderen Lebensformen –, aber es reicht trotzdem für eine beunruhigende Schlussfolgerung. Hier liegt der Hund begraben. Wenn Sie die Versäumnisse der USA moralisch empörend finden, dann sollten Sie sich vielleicht über Ihre eigenen Versäumnisse in diesem Zusammenhang genauso empören. Versuchen Sie, nicht vor diesem Gedanken zusammenzuzucken oder ihn zu persönlich zu nehmen, wenn Sie das davon abhält, ihn ernst zu nehmen. Nebenbei bemerkt: Nicht nur Sie, sondern auch ich und alle anderen leben in einer hoch entwickelten CO_2-Gesellschaft.

Wie wir im zweiten Kapitel festgestellt haben, besteht Moral aus einer Art menschlicher Beständigkeit. Ein ordentlicher Anteil des Protests in moralischen Angelegenheiten beläuft sich darauf, auf Widersprüchlichkeit im Denken eines Gegenübers hinzuweisen. Wenn Sie auch nur eines der oben angeführten Argumente annehmen, dann dürfte diese Konsequenz Sie zu dem Schluss bringen, dass Ihr eigenes Verhalten ebenfalls ein moralischer Skandal ist.

Entsprechend dem ersten Gedankengang halten wir das Versagen der USA, Maßnahmen gegen den Klimawandel zu ergreifen, korrekterweise für falsch, da sie für den größten Anteil an weltweiten Emissionen verantwortlich sind und dennoch wenig dagegen unternehmen. Gerade ihr Tun – verglichen mit dem der meisten anderen Menschen – ist es wahrscheinlich, das einen ganz erheblichen Anteil an Treibhausgasemissionen hat. Sie können das nach Belieben historisch überdenken oder bezogen auf gegenwärtige Emissionen. *Wenn Sie in den Vereinigten Staaten leben, sind Sie für mehr als zwanzig Tonnen Kohlendioxid pro Jahr verantwortlich*, Australier steuern neunzehn Tonnen pro Kopf bei, Kanadier stoßen achtzehn Tonnen pro Jahr aus und Briten sind für ungefähr 9,5 Tonnen verantwortlich. Auf einer Liste der Kohlendioxidemissionen pro Kopf von 211 Ländern kommen Einwohner der Vereinigten Staaten an 11. Stelle, Australier sind 12., Kanadier 13. und Briten sind Nummer 38. Die Menschen, die in den 73 Ländern am Ende der Liste leben – und das ist nahezu die Hälfte aller Länder – stoßen weniger als eine einzige Tonne Kohlendioxid pro Jahr aus. Einige sind für gar keinen messbaren Treibhausgasausstoß verantwortlich. Verglichen mit den vielen Menschen der Länder auf der unteren Hälfte der Liste sind Ihre individuellen Emissionen vermutlich enorm. Vielleicht haben Sie nicht viel dagegen unternommen, keine Maßnahmen ergriffen, um Ihren persönlichen CO_2-Ausstoß drastisch zu verringern. Ebenso geht es vielen Menschen.

Der zweite Gedanke – die USA sollten Maßnahmen gegen den Klimawandel ergreifen, da sie dazu bestens in der Lage sind – könnte auf Ihren Fall genauso zutreffen. Wenn Sie dies lesen, dann sind Sie vielleicht Student oder Dozent an irgendeiner Universität, vielleicht ein Akademiker, jedenfalls ein Mensch, der Bücher liest, die den Begriff „Ethik“ im Titel führen. Es ist sehr wahrscheinlich, dass Sie mehr Verstand haben als die meisten Menschen auf der Erde. Selbst wenn Ihnen das übertrieben vorkommt, ist es doch wahrscheinlich, dass Sie eine längere und bessere Ausbildung genossen haben als die meisten Menschen. Bestimmt haben Sie mehr als genug Intelligenz, die zur Reduzierung Ihres Beitrags zum Klimawandel erforderlichen Schritte zu recherchieren und umzusetzen. Sie sind intelligent genug, um herauszufinden, was Sie tun sollten.

Sie haben wahrscheinlich auch ein größeres wirtschaftliches Potenzial als die breite Mehrheit der Menschen auf der Erde. Sie könnten in effizientere Geräte investieren, Energiesparlampen, ein Fahrrad – vielleicht haben Sie das Geld, um ein Gasbrennwertgerät zu installieren oder ein Miniwindrad. Sie haben möglicherweise mehr Freizeit als jemand, der für seine Ernährung Landwirtschaft betreibt, und Sie könnten alles Mögliche tun, sofern Sie sich dazu entscheiden. Wahrscheinlich verbrennen Sie primär auch keine fossilen Brennstoffe, um zu überleben; Sie haben eine Menge Luxusemissionen, die Sie ohne große Unannehmlichkeiten beschneiden könnten. Verglichen mit den meisten Menschen auf der Erde sind Sie außergewöhnlich gut aufgestellt, um etwas gegen Ihre eigenen Treibhausgasemissionen zu tun.

Der dritte Gedankengang könnte auch auf Sie zutreffen, obwohl ich gestehe, dass das eine etwas kniffelige Angelegenheit ist. Die Schwierigkeit liegt in der zeitlichen Komponente, die mit dem Nutzen verbunden ist. Der Nutzen, der dadurch entsteht, dass Sie jetzt den Gürtel enger schnallen, könnte noch eine zeitlang nicht sichtbar sein. Wenn Sie Ihr Verhalten mit dem anderer Menschen auf der Erde vergleichen, mit Menschen, die Opfer für Emissionseinschnitte erbringen, während Sie versagen, dann könnte Sie das berechtigterweise beunruhigen. Wenn Sie an Menschen in der Zukunft denken, die sich stark einschränken müssen, weil wir uns jetzt nicht einschränken, dann werden Sie möglicherweise noch ein bisschen unruhiger. Wir genießen den Nutzen ungehinderten Energieverbrauchs, während andere ihre eigenen Wünsche für das Gemeinwohl einschränken oder einschränken werden. Wie eben im Fall der Vereinigten Staaten festgestellt, denke ich, dass die Bedeutung dieses Einwandes – auf Einzelne bezogen – zunimmt, wenn mehr Menschen ernsthafte Opfer zur Verringerung ihres CO_2-Ausstoßes bringen.

Was machen wir mit diesen unbequemen Gedanken? Ich weiß ebenso wie Sie, dass Individuen keine Staaten sind, und ich weiß, seitdem ich Platons *Staat* gelesen habe, dass man schnell einen Fehler machen kann, wenn man beides miteinander vergleicht. Das tun wir hier nicht. Das ist hier kein Argument mithilfe einer Analogie. Es ist ein Aufruf zur Folgerichtigkeit in unserem Denken, und das bedeutet, in einem Streit über richtiges und falsches Handeln eine Entscheidung zu legitimieren, die dann auch wirklich umgesetzt wird. Kurz gesagt: Wenn Sie das Verhalten der USA oder eines anderen Landes moralisch empörend finden und die Grundlage für dieses Empfinden auch auf Sie anwendbar ist, dann sollten Sie Ihr eigenes Verhalten auch empörend finden.

Wie empörend? Ist es moralisch falsch, den Teekessel zu überfüllen? Ist es etwas Böses, wenn man gegen ein schlecht isoliertes Haus nichts unternimmt? Machen wir einen moralischen Fehler, indem wir Langstreckenflüge zu weit entfernten Ferienzielen unternehmen? Ist es falsch, von weit her eingeflogene Erdbeeren zu essen? Ist eine lange heiße Dusche eine Sünde? Ich habe Schwierigkeiten, mir die Sichtweise einzureden, dass meine individuellen Fehler dasselbe Gewicht haben wie die Fehler der USA oder die großer Unternehmen wie Exxon. Wahrscheinlich hängen meine Schwierigkeiten mit der unterschiedlichen Größenordnung der Schäden zusammen: dem Schaden, den ich im täglichen Leben verursache, verglichen mit dem riesigen Schaden, den die USA damit verursachen, dass es ihnen misslingt, ihre Emissionen einzudämmen. Die durch mich verursachten Auswirkungen sind geringer.

Ich bin besorgt, dass die Größenordnung des Schadens der einzig relevante Unterschied ist. Ein See voll Wasser und eine Tasse voll Wasser sind mit derselben Substanz gefüllt. Möglicherweise sind beide, mein Versagen und das Versagen der USA, dieselbe Art von Übel, von gleicher Gattung, lediglich verschieden in der Größenordnung. Vielleicht ist mein Versagen, etwas gegen meinen hoch entwickelten CO_2-Lebensstil zu unternehmen, wirklich moralisch empörend. Sich an diesen Gedanken zu gewöhnen, fällt schon nicht leicht. Von dort aus einen Weg zum Handeln zu finden, scheint noch unendlich viel schwieriger.

Psychologische Hemmnisse

Obwohl Sie inzwischen eine Menge über Fakten des Klimawandels, die Rolle des Menschen dabei und die mit alldem verbundenen moralischen Erfordernisse gehört haben, fragen Sie sich vielleicht, warum eigentlich bisher so wenig getan wurde. Ich möchte mich keiner zu groben Vereinfachung schuldig machen, indem ich einen komplexen Sachverhalt auf nur ein oder zwei Prinzipien reduziere. Wir können die soziale oder psychologische Erklärung für unsere kollektive und individuelle Tatenlosigkeit durchaus anderen überlassen. Aus philosophischem Blickwinkel interessieren uns Argumente, rationale Begründungen, weshalb wir etwas gegen den Klimawandel tun sollten. Aber wenn Sie in eine Bar gehen und sich mit anderen Leuten über den Klimawandel unterhalten, wenn Sie Diskussionen in den Medien und anderswo verfolgen, werden Sie nirgends Argumente finden. Worauf Sie immer wieder stoßen, sind nicht etwa Gründe, die für einen sorgfältig geäußerten Standpunkt entwickelt wurden, sondern eher etwas, das wie ein psychologischer Abwehrmechanismus funktioniert. Überall wird geleugnet.

Ich möchte hier lediglich kurz auf die Literatur einzugehen, die solche Phänomene wie Leugnung, Abgrenzung, Verdrängung und Ähnliches behandelt – Sie sind frei, dem zu folgen, falls es Sie interessiert. Es ist nämlich durchaus öfter so, dass der menschliche Verstand seine schwachen Seiten hat. Ohne nachzudenken, verdrängen oder klammern wir Tatsachen aus, die uns Leid verursachen könnten, kümmern uns wählerisch vielleicht nur um dies im Gegensatz zu jenem. Dies dient dazu, innere Konflikte zu vermeiden oder vielleicht nur das Leid zu verdrängen, die Dinge so sehen zu müssen, wie sie sind. Eine der Schlussfolgerungen, die wir vielleicht lieber als alle anderen vermeiden, ist ein persönliches Fazit: Ich sollte mein bequemes Leben ändern.

Hillman beleuchtet zehn Entschuldigungen für Untätigkeit und diese werden all jenen vertraut sein, die Zeit damit verbracht haben, über den Klimawandel nachzudenken und ihn zu erörtern.[98] Wir betrachten kurz jede einzelne und beurteilen sie als Teil des persönlichen Arguments für die Schlussfolgerung, dass kein Handeln gegen den Klimawandel erforderlich ist. Einige von ihnen, das werden Sie sofort bemerken, scheinen nicht mehr als der unvernünftige Ausdruck psychologischer Abwehrmechanismen zu sein; wenn man es schonend interpretiert. Wenn sie wirklich Argumente oder Prämissen wären, dann wären sie so schlecht, dass schwer ersichtlich ist, wie jemand sie überhaupt ernst nehmen könnte.

1. „Ich glaube nicht an den Klimawandel." Manchmal hängen sich Menschen mit einem Seufzer der Erleichterung an einen einzelnen fragwürdigen Bericht über Sonnenflecken oder ein fiktionales Werk eines beliebten Schriftstellers. Es ist schwer, bei dieser Art von Behauptung an etwas anderes als an Leugnen zu denken, an die Weigerung, verbürgte Tatsachen zu akzeptieren.
2. „Die Technologie wird in der Lage sein, den Klimawandel aufzuhalten." Was wir im vierten Kapitel als einfaches Wunschdenken bezeichnet haben, ist möglicherweise etwas anderes: Optimismus, der in der

psychologischen Voreingenommenheit dagegen wurzelt, der schmerzhaften Tatsache zu begegnen, dass sich unser Leben ändern muss. Wir haben bereits festgestellt, dass bloßes Wunschdenken keine begründete Ansicht darstellt.

3. „Die Regierung oder die Amerikaner oder die Chinesen sind schuld." Psychologen sprechen viel über Projektion, eine Verlagerung der eigenen unerwünschten Eigenschaften auf eine andere Person, die man ohne Angst vor Zurechtweisung beschuldigen kann. Die Tatsache, dass andere Fehler machen, ist kein Grund für Ihre Untätigkeit, wenn das, was Sie vorhaben, auch falsch ist.
4. Vielfältige *ad-hominem*-Argumente werden gegen denjenigen gerichtet, der zum Handeln aufruft. Hillman benutzt den Ausdruck „den Boten erschießen", aber Philosophen nennen so etwas ein *argumentum ad hominem*, eine Art informellen Fehlschluss, in dem „der Mensch" und nicht sein Argument angegriffen wird. Es gibt eine Art von oberschlauem Anti-Umweltbewusstsein, das ausgerottet werden muss. Es zeichnet sich dadurch aus, dass es die Aufmerksamkeit auf eine Scheinheiligkeit im Leben einer Person zieht, die für Maßnahmen gegen den Klimawandel argumentiert. („Aber Sie haben das Buch auf *Papier* geschrieben. Sie haben Bäume getötet!") Selbst wenn diese Behauptung richtig ist, hat sie keinerlei Einfluss auf die Richtigkeit der Schlussfolgerungen in diesem Buch.
5. „Das ist nicht mein Problem." Das dürfte eine einfache Abgrenzung sein, ein Mechanismus, durch den sich jemand von einer schmerzhaften Schlussfolgerung distanziert. Man hört oft Menschen sagen, sie wären dann schon tot, wenn der Klimawandel eingetreten sei – aber er ist bereits eingetreten. Er ist bereits unser Problem.
6. „Es gibt nichts, was ich dagegen tun kann." Diese Behauptung ist schon offensichtlich falsch. Wie ein Mensch sein Leben verbringt, wie ein Mensch Energie nutzt, das hat etwas mit dem Klimawandel zu tun – trägt vermutlich zu ihm bei. Es gibt jedoch andere Versionen dieses Gedankens – wir haben eine im vierten Kapitel betrachtet, die Blair-Sorge. Wir werden in Kürze zu weiteren Aspekten kommen, wenn wir über die Konsequenzen nachdenken.
7. „Wie ich mein Leben führe, ist meine Sache." Diese Entschuldigung nimmt vielerlei Gestalt an. Sie dürften eine bereits gehört haben: „die Aussage von Bush dem Älteren", dass „der *american way of life* nicht zur Verhandlung steht". Es gibt viele Arten unbedeutender Behaup-

tungen über künstliche Notwendigkeiten des täglichen Lebens, die Behauptung, dass ein Mensch ohne sein Handy „nicht leben kann“ oder „sein Auto benutzen muss“, da die öffentlichen Verkehrsmittel nicht zuverlässig genug sind. Wie ein Mensch lebt, sei ihm selbst überlassen, falls seine Lebensweise keine negativen Auswirkungen auf andere hat. Unverantwortliches Leben mit hohem Konsum hat Konsequenzen, die über die kurzfristige Zufriedenstellung Einzelner hinausgehen.

8. „Es gibt wichtigere und dringendere Probleme anzupacken.“ Diese Behauptung ist möglicherweise wahr, auch wenn mir eine Begründung dafür fehlt. Es ist jedenfalls eine Art von Irreführung. Uns hält sicherlich nichts davon ab, etwas gegen mehr als einen Missstand auf der Erde zu tun.
9. „Zumindest tue ich etwas.“ Sie hören dies von wohlmeinenden Recyclern und Menschen, die Ihnen erzählen, dass sie mehr gegen den Klimawandel tun als die meisten anderen. Sicherlich ist es schwierig, auf diese Art von Entschuldigung böse zu sein, aber in vielen Fällen sind diese Tätigkeiten nur geringfügige oder winzige Veränderungen im Leben, eher nur Versuche, sich selbst zu trösten oder das Gewissen zu beruhigen. Wirklich etwas gegen den Klimawandel zu erreichen, ist beträchtlich anstrengender als nur unbedeutende Änderungen im individuellen Leben.
10. „Wir machen bereits große Fortschritte in Bezug auf den Klimawandel.“ Innere Konflikte können manchmal gelöst werden, indem man die Aufmerksamkeit auf die positiven Merkmale eines Problems richtet und eklatante Schwierigkeiten ausklammert. Das ist ein Taschenspielertrick, der bei manchen Politikern beliebt ist. Sie sind möglicherweise beeindruckt von ein oder zwei aufgebauschten Tatsachen über Autos mit einem geringeren Kraftstoffverbrauch, und dies lenkt Sie davon ab, dass die Emissionen generell ansteigen, mehr Straßen gebaut und mehr Autos gefahren werden.

Viele dieser Mechanismen wurden in einer von Stoll-Kleemann und anderen durchgeführten Studie dargestellt.[99] Sie identifizieren eine große Zahl unterschiedlicher Arten von Leugnung, die unsere Gedanken über Maßnahmen gegen den Klimawandel verwirren. Wir verschieben oder verlagern unsere Verpflichtungen, indem wir behaupten, dass wir die Umwelt in einer Weise schützen, obschon wir sie auf eine andere schädigen. Wir leugnen Verantwortung und weisen anderen die Schuld zu, indem wir auf andere, bedeutsamere Ursachen des Klimawandels zeigen. Wir verteidigen Unwissenheit oder vermeiden es jedenfalls, über den Klimawandel nachzudenken. Manchmal verstärken wir positive eigene Gedanken, indem wir sagen, Überlegungen zur Zerstörung unseres Planeten seien uns zu schmerzhaft. Wir behaupten, wir seien machtlos oder unser Handeln sei unbedeutend, es mache keinen Unterschied, was immer wir auch tun. Wir erfinden Zwänge und Hindernisse, wir lassen die Verpflichtung zum Handeln schwieriger aussehen, als sie wahrscheinlich ist.

Stoll-Kleemann behauptet, dass diese Hemmnisse weiter verstärkt werden, und zwar durch vier gängige Haltungen – allgemeine Ansichten, die wir zum Klimawandel haben. Es gibt einen verbreiteten Unwillen, bestimmte Gewohnheiten, bestimmte Lebensweisen zu verändern, insbesondere wenn sie an ein individuelles Gefühl der eigenen Identität geknüpft sind. Obwohl die Autoren es nicht betonen, scheint mir, als ob es Teil dieser Haltung ist, es abzulehnen zu handeln, wenn man lebenslang einer speziellen Art von Werbung ausgesetzt ist, die das, was wir sein wollen, mit dem, was wir kaufen sollten, verbindet. Es gibt auch eine allgemeine Hoffnung oder einen allgemeinen Glauben an eine Art managermäßige oder technologische Schnellreparatur, und an dieser Hoffnung ist schwer zu rütteln. Es beunruhigt, dass individuelles Handeln gegen den Klimawandel uns etwas kosten wird, aber anderen nützt – eine Art Echo der Tragik des Allgemeinguts. Schließlich misstrauen zumindest manche generell der Regierung, vielleicht mit dem Gedanken, dass sie nicht wie versprochen handeln wird oder dass sie den Klimawandel nutzen wird, um Steuern oder Bestimmungen durchzuboxen, die sie aus anderen Gründen wünscht.

Es ist wichtig festzuhalten, dass keine dieser Strategien, Mechanismen oder Haltungen wirklich begründet ist. Nichts davon begründet unsere Untätigkeit hinreichend. Angesichts der Wichtigkeit, Begründungen für unsere moralischen Überzeugungen zu finden, muss man sich vor alldem sehr in Acht nehmen, es schnell auf die Seite legen, wenn man versucht, konsequent darüber nachzudenken, was zu tun ist.

Individuelles Handeln

Der ein paar Seiten zurückliegende Ruf nach Konsequenz im Hinblick auf die moralische Entrüstung, die jemand im Zusammenhang mit dem Klimawandel und den Regierungen fühlen dürfte, könnte als ein Argument für Handeln seitens Einzelner dienen. Es ist zumindest ein Anstoß in diese Richtung, vielleicht ein Hinweis darauf, dass weitere Reflexion über das eigene Leben gefordert ist. Falls diese Überlegung berechtigt ist: Wie könnte sie aussehen? Aus Platzgründen können wir nur einige Antworten wiedergeben. Es wären mehrere Bücher erforderlich, um die Angelegenheit sorgfältig zu durchdringen, aber schadet nicht, zumindest den Blick in die entscheidende Richtung zu lenken. Keinesfalls soll Ihnen eine Schlussfolgerung aufgedrängt werden, sondern Sie mögen sich über Ihr eigenes Leben Gedanken machen, die Sie allein weiter ausarbeiten können.

Mit Bedacht leben – Thoreaus ausgezeichnete Redewendung sei hier zitiert –, ist kaum Alltag für die meisten von uns. Daran ist sicher nicht viel falsch, und es wäre absurd vorzuschlagen, dass wir uns alle so um unser Leben kümmern sollten, wie Thoreau es tat. Fakt ist, dass wir nicht viel darüber nachdenken, wie wir leben, und noch weniger über den Stellenwert, den die Moral in unserem Leben einnimmt. Stattdessen reisen wir zumindest zeitweise mit dem Fluss des Lebens, lassen uns treiben, bis wir auf etwas stoßen, das uns zum Innehalten zwingt. Manchmal ist das, womit wir zusammenstoßen, eine moralische Frage, ein Dilemma oder ein Problem, eine Frage nach richtig oder falsch. Gelegentlich stolpern wir in etwas, das einer Krise gleicht, in die viel weiter gefasste Frage, wie wir generell leben sollten, welche Art Mensch wir sein sollten. Diese Krisen über die Richtung oder die Art eines Lebens können in der Tat hauptsächlich auf moralische Aspekte zielen, wie auch immer sie sonst zu der Zeit erscheinen. Die Überlegungen zum Klimawandel und zu dem, was Sie in ihrem eigenen Leben dagegen tun können, fühlen sich zuweilen an wie eine Mischung zwischen einem moralischen Problem oder einer Frage und einer Krise – oder besser: Wahrscheinlich haben sie von beiden etwas.

Die alten Griechen und Römer machten sich mehr Sorgen über das Leben als Ganzes als über bestimmte moralische Zwickmühlen. Die Philosophie kam erst in Gang, als ihr Aushängeschild Sokrates die Bedeutung eines geprüften Lebens anging, eines Lebens, das nach Tugend fragt und entsprechend geführt wird. Ohne etwas über die Natur der Tugend zu wissen, kann niemand tugendhaft leben, so Sokrates. Auf jeden Fall war es das tugendhafte Leben, das Leben als Ganzes und die Art, wie es gelebt wird, die Sokrates und die Menschen der Antike interessierte. Heute sind Moralphilosophen mit einer Anzahl von Themen befasst, aber als eigene Spezies widmen sie sich häufiger einem moralischen Dilemma oder bestimmten Fragen als dem Leben im Ganzen.

Sie werden nicht viele Seminare finden, die sich in diesem Frühjahr mit dem guten Leben als solchem befasst haben, aber Sie werden Erörterungen kleinerer moralischer Probleme beobachten. Solche Diskussionen beginnen etwa mit Fragen wie: Was sollten Sie tun, wenn Sie einander widersprechende Zusagen gemacht haben? Ist Euthanasie ohne Einwilligung jemals gerechtfertigt? Ist Abtreibung als Mittel zur Geburtenkontrolle vertretbar? Kann ein terroristischer Akt, der die Verbesserung der Lebensverhältnisse beabsichtigte, als moralisch richtig angesehen werden? Ist ein Präventivkrieg jemals gerecht? Die Liste könnte noch weiter fortgesetzt werden, aber für jede dieser Fragen besteht die Aufgabe des Moralphilosophen darin, einen Weg zu einer Antwort zu finden, und für gewöhnlich basiert die Antwort irgendwie auf einer der wenigen normativen ethischen Theorien. Es gibt noch weitere Sichtweisen, aber denken Sie noch einmal über die beiden vorherrschenden nach: Utilitarismus und Kantianismus. Wahrscheinlich können beide Sichtweisen uns bei moralischen Krisen helfen.

Zur Erinnerung: Utilitarismus ist die Sichtweise, dass die Richtigkeit oder Unrichtigkeit einer Handlung ausschließlich von ihren Konsequenzen bestimmt wird. Wenn ihre Konsequenzen das menschliche Glück steigern, der Gesamtsaldo der Freude über das Leid maximiert wird, vielleicht die meisten Vorlieben berücksichtigt sind, dann ist das Tun als solches gerechtfertigt. Für Kant sind nicht die Konsequenzen wichtig, sondern das Befolgen des Moralgesetzes an sich, und der moralische Stellenwert einer Handlung wird ermittelt, indem man über die Verallgemeinerungsfähigkeit von Maximen nachdenkt. Ist hier etwas dabei, was einem Einzelnen dabei helfen kann, den Klimawandel zu durchdenken? Vermutlich wird eine Menge Hilfe nötig sein, aber auch sehr viel Sorgfalt. Nehmen Sie das Folgende nicht zu ernst; es ist nur eine kurze Skizze, die Sie gedanklich einstimmen soll.

Ein Kantianer könnte denken, dass jede Handlung, die von einer Maxime umschrieben wird, die unter Umweltgesichtspunkten nicht nachhaltig ist – welche Handlung das auch sein mag –, an den Anforderungen so gut wie gescheitert ist. Für Kant werden Handlungen nach Maximen oder Regeln vorgenommen, wie „Stiehl nicht“ oder „Wenn ich denke, ich brauche Geld, dann werde ich es leihen und versprechen, es zurückzuzahlen, obwohl ich weiß, dass ich es niemals können werde“ oder „Lüge niemals“. Kants Prüfverfahren für diese Maximen ist ihre Verallgemeinerungsfähigkeit. Nehmen Sie an, die infrage stehende Maxime würde ein allgemeines

Gesetz werden, eine Maxime, die automatisch von jedem übernommen werden würde. Wäre eine Welt mit diesem Gesetz folgerichtig oder widerspräche sie sich selbst? Im ersten Falle besteht keine Gefahr, etwas falsch zu machen, aber im letzten würde das moralische Gesetz verletzt. Wenn jeder also zum Beispiel falsche Versprechungen machen würde, dann würde niemand mehr einem Versprechen glauben, also wäre es unmöglich, überhaupt etwas zu versprechen. Eine Welt, die auf falsche Versprechungen baut, endet darin, dass sie sich selbst aushöhlt und zu einer Welt wird, in der Versprechen sinnlos sind.

Nehmen Sie eine nicht nachhaltige Maxime: „Konsumieren Sie, so viel es geht“ oder „Gehen Sie keinesfalls sparsam mit begrenzten Ressourcen um“ oder „Nutzen Sie einen unverhältnismäßig großen Anteil eines begrenzten Gutes“. Es braucht nicht viel für die Einsicht, dass sich solche Maximen nicht verallgemeinern lassen. Wenn jeder so viel konsumieren würde, wie er könnte, dann wäre nicht mehr viel zum Konsumieren übrig. Konsum auf einem bestimmten Level untergräbt sich selbst. Wenn verschwenderisch mit Ressourcen umgegangen wird, dann wird es schließlich gar keine Ressourcen mehr geben. Nicht jeder kann schließlich einen unverhältnismäßigen Anteil eines begrenzten Gutes nutzen – nur eine verhältnismäßige Nutzung ist für jeden möglich. Die Tatsache, dass die Maximen selbst Teil einer nicht nachhaltigen Ordnung sind, bedeutet eben, dass sie niemals allgemeine Gesetze sein können, niemals Bestandteil konsequent ausgerichteter Welten, niemals dem moralischen Gesetz entsprechen können. Kantsche Reflexion scheint fruchtbar, sieht nach wirklicher Hilfestellung beim Durchdenken der Wahlmöglichkeiten angesichts des Klimawandels aus.

Der Utilitarismus ist ebenfalls vielversprechend. Singer behauptet, dass eine ganze Reihe der in unserem Denken über den Klimawandel wirkenden Grundsätze mit utilitaristischen Grundlagen zu begründen ist.[100] Das Verursacherprinzip dürfte zum Beispiel von einem Utilitaristen favorisiert werden, da hier das Prinzip selbst einen starken Anreiz dafür bietet, achtsam bezüglich der Verursachung von Verschmutzungen oder von Umweltschäden zu sein, zweifellos zum generellen Nutzen aller. Ein Utilitarist erkennt möglicherweise auch wie weise es ist, die Ärmsten vermehrt zu begünstigen. Wenn ein Mensch bereits über beträchtlichen Wohlstand verfügt, dann macht es ihn kaum glücklicher, wenn man ihm mehr gibt. Den Armen auch nur ein bisschen mehr zu geben, dürfte ein Segen sein, dürfte eine Menge bewirken, um Lebenssituationen zu verbessern. Solche Gedanken könnten einen Einzelnen dazu bewegen, andere Entscheidungen im Leben zu treffen, vielleicht auch bei Wahlen anders abzustimmen.

Was einem großen Anteil an persönlichen utilitaristischen Berechnungen jedoch im Wege steht, ist ein Gedanke, der uns bereits mehrmals beschäftigt hat: Individuelle Entscheidungen können gar nicht so viel ausmachen. Der Gedanke dürfte mit dazu beitragen, dass es so schwer ist, zu vertreten, dass die kleinen Dinge meines Lebens moralisch ziemlich entrüstend sind –, dass beispielsweise das Überfüllen des Teekessels oder ein Flug für einen Wochenendtrip echtes Unrecht ist.

Dem ließe sich noch vieles hinzufügen – wir haben im dritten Kapitel eine Skizze vorgelegt und im vorigen Abschnitt eine Diagnose gestellt –, aber denken Sie nun darüber nach, wie man den oben genannten Gedanken umschiffen kann. Als Erstes sollte ein Konsequentialist zur Kenntnis nehmen, dass gegen die Behauptung, individuelle Entscheidungen spielten keine Rolle, spricht, dass anders überhaupt keine Chance besteht, einen moralischen Unterschied zu machen. Wenn irgendetwas zählt, dann sind das genau all die kleinen Entscheidungen. Die Erwiderung taucht überall auf, fast überall hören Sie die Behauptung, dass wohl nichts, was ein Einzelner tut, einen Unterschied bewirkt. Die kleinen Auswirkungen werden vielmehr die einzigen sein, die Sie überhaupt jemals erleben werden. Ihre einzige Möglichkeit, um moralisch einen Unterschied zu machen, besteht in Ihren individuellen Entscheidungen.

Zweitens könnten Sie versuchen, ein weiter gefasstes Konzept von sich selbst und von Ihren Wirkmöglichkeiten zu entwickeln. Denken Sie nicht an die einzelnen Momente, sondern an ein ganzes Leben, die Gesamtheit der Auswirkungen, die Ihre scheinbar unbedeutenden Entscheidungen haben. Vergleichen Sie die Gesamtauswirkungen eines Lebens mit hohem Konsum mit einem Leben, das ein bisschen mehr Bodenhaftung hat. Es ist offensichtlich, dass Ihre individuellen Entscheidungen sich summieren. Leben haben Folgen, auch wenn das Gesamtbild aus unserer beschränkten Alltagsperspektive nicht klar zu erkennen ist. Dieser Gedankengang kann zu Fragen über die Gesamtheit des Lebens führen – wenn nicht gar in eine Krise, was auch nicht nur ein moralisches Problem darstellt.

Es gibt einen dritten Gedanken, eine Art Enttäuschung. Angenommen Sie kommen zu dem Ergebnis, dass sich Ihr Leben ändern sollte, dass Ihre Entscheidungen von nun an anders ausfallen, weniger umweltschädlich sein sollten. Angesichts unserer Gesellschaftsstrukturen, angesichts der Tatsache, dass wir alle in einer Welt leben, die fossile Brennstoffe verbrennt, fallen abweichende Entscheidungen schwer. Die Scheinheiligkeit ist dort, wo Sie sie finden, und Sie finden sie überall, in jeder Anstrengung, das Richtige zu tun. Vielleicht ist es nicht wirklich möglich, ein Leben vollkommen frei von moralisch fragwürdigen Auswirkungen auf den Planeten zu führen, zumindest nicht für uns im Westen. Manche Lebensweise ist sicher besser als andere, aber alle Arten der Lebensführung auf der Welt haben ihren Anteil an einem sich ausbreitenden Unheil. Man kann noch nicht einmal frühstücken, ohne dabei irgendeinen Schaden anzurichten. Vielleicht kann keine Entscheidung, die Sie für sich selbst treffen, Sie vollkommen von moralischen Problemen unberührt lassen, noch viel weniger können Sie die Erde retten. Dieser – und zweifellos auch andere Gedanken – legt letztlich folgenden Schluss nahe. Sie können hoffen, nicht nur Ihr Leben, sondern auch Ihre Gesellschaft zu verändern. Sie können sogar dahin kommen, dass gemeinsames Handeln gegen den Klimawandel nicht nur wünschenswert, sondern moralisch geboten ist.

Ziviler Ungehorsam

Gesellschaften sind Phänomene, die sehr starken Veränderungen unterliegen, und manchmal sind die Veränderungen von innen heraus motiviert, durch kollektive Gruppen Gleichgesinnter hervorgerufen. Gemeinsames Handeln kann recht verschieden ausfallen, aber es ist vielleicht hilfreich, rasch über zivilen Gehorsam und Ungehorsam nachzudenken. Ersterer verwendet gesetzmäßige Mittel in der Hoffnung, dass eine Gesellschaft einen anderen Weg einschlagen könnte; Letzterer greift zu anderen Mitteln. Zivilen Ungehorsam könnte man als nicht gewalttätiges, nicht revolutionäres, aber trotzdem ungesetzliches gemeinschaftliches Handeln mit politischen Ambitionen charakterisieren. Die Hoffnung besteht darin, moralisch oder emotional an die Machthaber zu appellieren – sowohl an die Politiker als auch an die Wähler. Dem ließen sich noch weitere Charakteristika hinzufügen. Sicherlich fallen Ihnen einige erfolgreiche Beispiele ein. Ist die Kampagne für Maßnahmen gegen den Klimawandel ein Fall, der von gemeinschaftlichen Anstrengungen dieser Art profitieren könnte? Einwände, die nicht anecken, hatten wir ja schon eine ganze Weile. Sollten wir uns nun etwas anderes einfallen lassen?

Viele Merkmale des Problems weisen darauf hin, dass radikales Handeln angebracht ist. Sicherlich geht es um Ungerechtigkeit, und ziviler Ungehorsam war in der Vergangenheit ein nützliches Instrument, um die Aufmerksamkeit auf ungerechte Praktiken und Institutionen zu lenken und diese letztlich zu verändern. Ziviler Ungehorsam ist auch eine Taktik, die von denen angewandt wird, die behaupten, dass andere Vorgehensweisen keine relevanten Auswirkungen hatten oder dass eine Regierung ihre Pflichten vernachlässigt hat oder anderweitig versäumt hat, ihr Volk zu vertreten. Nochmals: Es ist möglich, den Klimawandel als das Richtige anzusehen. Manchmal wird mit Aktionen zivilen Ungehorsams eine Art von Dringlichkeit verbunden, in der Ansicht, dass ein bestimmtes Vorgehen sofort abgestellt werden müsse. Es ist schwer, sich bei Maßnahmen gegen den Klimawandel diesem Dringlichkeitsgedanken zu verweigern.

Andere Aspekte des Klimawandels weisen darauf hin, dass man ihm kaum durch erfolgreiches gemeinschaftliches Handeln dieser Art wird begegnen können. Monbiot stellt es so dar: „Noch nie hat jemand für Einschränkungen Krawall veranstaltet."[101] In mehr als symbolischem Sinne ist eine Kampagne des zivilen Ungehorsams, um dem Klimawandel entgegenzutreten, nichts anderes als eine Kampagne von uns selbst gegen uns selbst. Ziviler Ungehorsam kennt sicherlich die Geschichte Einzelner, die sich für ihr eigenes Leben oder für die Verbesserung des Lebens anderer erhoben haben, aber hat schon irgendjemand irgendwo darauf bestanden, dass man weniger bekommen sollte? Werden wir uns an Flugzeuge ketten und höhere Flughafensteuern fordern? Das mag weniger als rational erscheinen.

Das dürfen Sie gern so sehen oder Sie können Ihr Augenmerk auf etwas anderes richten. Gemeinsames Handeln gegen den Klimawandel könnte die Forderung nach weniger Dingen sein, aber es ist auch die Forderung nach mehr: vielleicht nach Gerechtigkeit oder Integrität oder was auch immer das Beste in uns Menschen ist. Es ist nichts Irrationales daran, eine menschlichere Welt erreichen zu wollen.

Nachwort

Das Ende eines Buches über den Klimawandel hat seine Tücken. Bücher zu diesem Thema haben eine besorgniserregende Tendenz, ungefähr fünf Seiten vor dem Ende in Erhabenheit abzudriften. Das ist vollkommen entschuldbar, denn das Thema fordert es geradezu heraus. Ein unkontrollierbares Verlangen, sich in Wahrsagerei zu betätigen, übermannt den Autor einfach, und es besteht die Möglichkeit, dass Sie vor dem Hintergrund des Klimawandels einige Ansichten über den wahrscheinlichen Gang der Menschheitsgeschichte vernehmen. Philosophen sind nicht gut in Voraussagen, und ich werde mich bestimmt davon fernhalten. Aber die Tendenzen, die sich in diesem Zusammenhang zeigen, sind durchaus der Aufmerksamkeit wert.

Einige werfen das Handtuch und behaupten, dass wir einfach verloren sind. Sie sagen, es sei zu spät, die notwendigen Veränderungen vorzunehmen, um das Schlimmste im Zusammenhang mit dem Klimawandel abzuwenden. Vielleicht haben wir bestimmte Grenzen überschritten, vielleicht haben wir dem Planeten bereits unwiderruflichen Schaden zugefügt. Aber das ist nur das Gefühl der Hoffnungslosigkeit, des chronischen Weltschmerzes, der als Teil eines Abwehrmechanismus wirkt, den wir im vorangehenden Kapitel dargestellt haben. Was immer es ist, bestimmt ist es keine wohlüberlegte Meinung, die auf Tatsachen beruht, und es ist auch keine Sichtweise, die der Mehrheitsmeinung zum Klimawandel entspricht. Nahezu jeder, der über die Zukunft unserer sich verändernden Welt nachdenkt, ist der Ansicht, dass Handeln durchaus noch sinnvoll ist. Manche gehen so weit zu sagen, dass unser Handeln, die Entscheidungen, die unsere Generation in den nächsten Jahren treffen wird, in Zukunft Wellen schlagen und Auswirkungen haben wird, die keine andere Generation je zuvor erlebt hat.

Und viele andere sagen etwas Bemerkenswertes, etwas Erbauliches und Hoffnungsvolles: Sie sagen, dass der Klimawandel der Menschheit die Chance bietet, das Richtige zu tun. Wir könnten Jahrtausende der Dummheit hinter uns lassen und uns endlich zur Bekämpfung eines gemeinsamen Problems zusammenschließen. Die Menschheitsgeschichte ist eine lange Geschichte der Kooperation innerhalb von Gruppen gegen Konflikte außerhalb der Gruppen. Aber was wird passieren, wenn uns unsere veränderte und unwirtliche Welt hinter die oberflächlichen Unterschiede blicken und uns unsere gemeinsame Menschlichkeit erkennen lässt? Der Mensch ist gut darin, sich in Notzeiten zusammenzuschließen. Vielleicht wird uns die kommende Not ein für allemal vereinigen.

Andere wollen sich eher heraushalten. Sie entwerfen ein düsteres Bild, dass, wenn wir unsere Welt aus dem Lot bringen, die Folgen unabsehbar sind. Eine sich langsam ereignende Katastrophe ist absehbar; wir haben sie ja bereits eine Weile kommen sehen und wir wissen genau um die Gegenmaßnahmen: Wir sollten unsere Bequemlichkeit aufgeben, unseren Gürtel enger schnallen und unseren hohen Energieverbrauch zurückschrauben, der unser leichtfertiges Leben prägt. Kurz gesagt: Wir sollten einige Opfer für andere Menschen bringen, und das wissen wir. Wenn wir nicht einmal das schaffen, so sagen sie, dann ist unsere Spezies vermutlich auch nicht so edel oder wundervoll, wie wir dachten. Wenn wir uns selbst auslöschen, dann ist das kein großer Verlust.

Ich weiß nicht, was ich von solchen Schlussfolgerungen halten soll.

Als ich begann, für dieses Buch Nachforschungen anzustellen, hatte ich stets ein kleines Notizbuch bei mir, in dem ich stichwortartig Hinweise der nationalen Presse auf einen Klimawandel verzeichnete. Zunächst erschienen solche Berichte einmal in der Woche, bald zweimal, dann nahezu täglich und irgendwann legte ich das Büchlein glücklich beiseite. Im Sommer 2006 registrierte die Welt urplötzlich den Klimawandel. Er machte regelmäßig Schlagzeilen. Reporter sahen sich mutig in der Arktis um, filmten kollabierende Eisberge und Eisbären, die plötzlich zu Stars wurden. Als ich meinem Verleger gegenüber das Buch erwähnte, dachte ich, ein Nachwort sei eine ausgezeichnete Idee. Angesichts des raschen Wandels wäre es schön, am Ende des Buches eine Möglichkeit zu haben, alles auf den neuesten Stand der Dinge zu bringen. Ich dachte, das Buch würde vielleicht schon bald nach dem Schreiben überholt sein. Die Welt erwachte bezüglich des Klimawandels. Menschen, viele von ihnen ohne Bärte, sprachen ernsthaft über Regenwälder, Naturschutz und die effektivste Art des Energiesparens. Prominente machten Sonnenkollektoren und Hybridautos sexy. Fast glaubte ich, Reflexionen über Ethik und Klimawandel seien gar nicht mehr erforderlich. Die Menschen kamen ja von ganz alleine zu Ergebnissen. Diese Überlegungen waren allerdings etwas voreilig.

Der damalige Schwung ist zwar noch immer und fast überall vorhanden, aber er muss jetzt endlich in sinnvolles Handeln münden. Nach einer Umfrage von BBC World Service, in der 22 000 Menschen in 21 Ländern befragt wurden, wusste die große Mehrheit der Menschen weltweit, dass wir jetzt handeln müssen.[102] Fast 80 Prozent der Befragten glauben, dass die Menschen den Klimawandel verursachen. Neun von zehn Personen auf unserer Erde denken, dass Handeln nötig ist, und zwei Drittel von ihnen gehen noch weiter und halten an der Überzeugung fest, dass „es nötig ist, sehr bald wesentliche Schritte einzuleiten".

Nichtsdestotrotz haben die Regierenden dieser Welt in den zwanzig Jahren seit den ersten Warnungen des Weltklimarats nichts moralisch Adäquates gegen den Klimawandel unternommen. Leider ist die Annahme begründet, dass vieles von dem, was einige Politiker getan haben, inadäquat war – vielleicht wurden auch eindeutig und vorsätzlich Fehler begangen: Betrug zum finanziellen oder politischen Vorteil auf Kosten unzähliger Leben. Wir selbst haben bisher auch nicht eben viel unternommen, trotz der veränderten Einstellung, obwohl wir den Klimawandel in Zeitungen und im Fernsehen gesehen haben, vielleicht sogar in unseren Gärten. Es herrscht natürlich nicht nur Untergangsstimmung und Finsternis. Es gab Petitionen, Klimacamps und -märsche, Konzerte, die Aufmerksamkeit erregten, und sogar Gesetze haben sich geändert. Einzelne Menschen, Staaten und Städte haben beeindruckende Taten vollbracht. Es reicht nur sämtlich bei weitem nicht aus.

Dessen ungeachtet, ungeachtet meiner Person, bin ich hoffnungsvoll. Ich bin überhaupt nicht sicher, ob unsere Regierungen oder Staatsorgane das Richtige tun werden, aber ich überrasche mich manchmal selbst bei dem Gedanken, dass vielleicht der Rest der Menschheit es tun wird: die Mehrheit nämlich, die jetzt weltweit Maßnahmen gegen den Klimawandel ergreifen will. Ich habe einen alten Freund, der gelegentlich beim Sport ein T-Shirt mit der Aufschrift in großen Lettern „Iss die Reichen" trägt. Wenn ich ein bisschen zu oft über manches moralische Versäumnis derer spreche, die es eigentlich besser könnten, dann erinnert mich dieser Freund daran, dass die Bösen am Ende immer verlieren. Wir hatten noch nie permanente Tyrannei oder immerwährende Ungerechtigkeit, obwohl es durchaus eine Zeitlang so erscheinen mochte. Die Menschen werden schlussendlich das Richtige tun. Er hat natürlich Recht. Aber es wäre doch wirklich sehr gut, wenn wir uns diesmal ein bisschen ranhalten könnten, oder?

Anhang

Bibliografie

American Geophysical Union (2003): *Human impacts on climate*, verfügbar unter: www.agu.org/sci_soc/policy/climate_change_position.

American Meteorological Society (2003): „Climate change research: issues for the atmospheric and related sciences", in: *Bulletin of the American Meteorological Society*, 2003, S. 84.

Amstrup, S. C. u. a. (2006): „Recent observation of intraspecific predation and cannibalism among polar bears in the southern Beaufort Sea", in: *Polar Biology*, 29.11, 2006, S. 997–1002.

Aristoteles (1996): *The Politics and the Constitution of Athens*. Cambridge 1996.

Athanasiou, T./Baer, P. (2002) *Dead Heat*, New York 2002.

Attfield, R. (1991 a): *The Ethics of Environmental Concern*, Athens, Georgia 1991.

Ders. (1991 b): *The Ethics of the Global Environment*, Edinburgh 1991.

Ders. (2003): *Environmental Ethics: An Overview for the Twenty-First Century*, Cambridge 2003.

Barry, B. (1989): *Theories of Justice*, Berkeley 1989.

Bentham, J. (1996): *An Introduction to the Principles of Morals and Legislation*, Oxford 1996.

Blackstone, W. (Hrsg.) (1974): *Philosophy and Environmental Crisis*, Athens, Georgia 1974.

Brown, D. (2002): *American Heat. Ethical Problems with the United States' Response to Global Warming*, Lanham 2002.

Desombre, E. (2004): „Global warming: more common than tragic", in: *Ethics and International Affairs* 18 (1), 2004, 41–46.

Feinberg, J. (1974): „The rights of animals and unborn generations", in: W. Blackstone (Hrsg.): *Philosophy and Environmental Crisis*, Athens, Georgia 1974.

Gardiner, S. (2001): „The real tragedy of the commons", in: *Philosophy and Public Affairs*, 30.4, 2001, S. 387–416.

Ders. (2003): „The pure intergenerational problem", in: *The Monist*, 86.3, 2003, S. 481–500.

Ders. (2004a): „Ethics and global climate change“, in: *Ethics* 114, 2004, S. 555–600.

Ders. (2004b): „The global warming tragedy and the dangerous illusion of the Kyoto Protocol“, in: *Ethics and International Affairs* 18.1, 2004, S. 23–39.

Ders. (2006a): „A Core Precautionary Principle“, in: *The Journal of Political Philosophy* 14.1, 2006, S. 33–60.

Ders. (2006b): „A perfect moral storm: climate change, intergenerational ethics and the problem of moral corruption“, in: *Environmental Values* 15, 2006, S. 397–413.

Gelbspan, R. (1998): *The Heat is On*, Reading, Massachusetts 1998.

Ders. (2005): *Boiling Point*, New York 2005.

Grubb, M. (1995): „Seeking fair weather: ethics and the international debate on climate change“, in: *International Affairs* 71.3, 1995, S. 463–496.

Hacker-Wright, J. (2007): „Moral Status in Virtue Ethics“, in: *Philosophy*, 82.2, 2007.

Hardin, G. (1968): „The tragedy of the commons“, in: *Science* 162, 1968, S. 1243–1248.

Hillman, M. (2004): *How We Can Save the Planet*, London 2004.

Houghton, J. (2004): *Global Warming: The Complete Briefing*, Cambridge 2004.

International Federation of Red Cross and Red Crescent Societies (2001): *World Disasters Report 2001*, International Federation 2001.

IPCC (2001): *Third Assessment Report: Climate Change 2001*, verfügbar unter: http://www.ipcc.ch/pub/reports.

IPCC (2007): *Fourth Assessment Report*. Climate Change 2007, verfügbar unter: http://www.ipcc.ch/pub/reports.

Jamieson, D. (1990): „Managing the future: public policy, scientific uncertainty, and global warming“, in: D. Scherer (Hrsg.): *Upstream/Downstream: Essays in Environmental Ethics*, Philadelphia 1990.

Ders. (1996a): „Ethics and international climate change“, in: *Climatic Change* 33, 1996, S. 323–336.

Ders. (1996b): „The epistemology of climate change: some morals for managers“, in: *Society and Natural Resources* 4, 1996, 319–329.

Ders. (1996c): „Scientific uncertainty and the political process“, in: *Annals of the American Academy of Political and Social Science* 545, 1996, S. 35–43.

Jamieson, D. (1998): „Global responsibilities: ethics, public health and global environmental change", in: *Indiana Journal of Global Legal Studies* 5, 1998, 99–119.

Ders. (Hrsg.) (2001 a): *A Companion to Environmental Philosophy*, Oxford 2001.

Ders. (2001 b): „Climate change and global environmental justice", in: P. Edwards/C. Miller (Hrsg.): *Changing the Atmosphere. Expert Knowledge and Global Environmental Governance*, Cambridge 2001.

Ders. (2002): *Morality's Progress: Essays on Humans, Other Animals, and the Rest of Nature*, Oxford 2002.

Joint Science Academies (2005): *Joint Science Academies' statement: global response to climate change*, verfügbar unter: www.royalsoc.ac.uk.

Kolbert, E. (2006): *Field Notes From A Catastrophe*, New York 2006.

Lomborg, B. (2001): *The Sceptical Environmentalist*, Cambridge 2001.

Lomborg, B. (Hrsg.) (2006): *How to Spend $ 50 Billion to Make the World a Better Place*, Cambridge 2006.

Lovelock, J. (2000): *The Ages of Gaia*, Oxford 2000.

Ders. (2006): *The Revenge of Gaia*, London 2006.

Lynas, M. (2007): *Six Degrees*, London 2007.

MacLean, D./Brown, P. (Hrsg.) (1983): *Energy and the Future*, Totowa, New Jersey 1983.

Meyer, A. (2001): *Contraction and Convergence*, Totnes 2001.

Monbiot, G. (2006): *Heat*, London 2006.

Mulgan, T. (2006): *Future People*, Oxford 2006.

Müller, B. (1999): „Justice in global warming negotiations: how to obtain a procedurally fair compromise", in: *Oxford Institute of Energy Studies, EV26*.

National Research Council, Committee on the Science of Climate Change (2001): *Climate Change Science: An Analysis of Some Key Questions*, Washington D.C. 2001.

Nordhaus, W. D. (Hrsg.) (1998): *Economics and Policy Issues in Climate Change*, Washington D.C. 1998.

Pacala, S./Socolow, R. (2004): „Stabilization wedges: solving the climate problem for the next 50 years with current technologies", in: *Science* 305, 2004, S. 968–972.

Parfit, D. (1983): „Energy and further future: the identity problem", in: D. MacLean/P. Brown (Hrsg.): *Energy and the Future*, Totowa, New Jersey 1983.

Poundstone, W. (1992): *Prisoner's Dilemma*, New York 1992.

Rawls, J. (1999): *A Theory of Justice*, Cambridge 1999.

Regan, T. (1983): *The Case for Animal Rights*, London 1983.

Revelle, R./Suess, H. E. (1957): „Carbon dioxide exchange between atmosphere and ocean and the question of an increase of atmospheric CO2 during the past decades", in: *Tellus* 9, 1957, S. 18–27.

Scherer, D. (Hrsg.) (1990): *Upstream/Downstream: Essays in Environmental Ethics*, Philadelphia 1990.

Shue, Henry (1992): „The unavoidability of justice", in: A. Hurrell/B. Kingsbury (Hrsg.): *The International Politics of the Environment: Actors, Interests, and Institutions*, Oxford 1992.

Ders. (1993): „Subsistence emissions and luxury emissions", in: *Law and Policy* 15, 1993, S. 39–59.

Ders. (1994): „After you: may action by the rich be contingent upon action by the poor?", in: *Indiana Journal of Global Legal Studies* 1, 1994, S. 343–366.

Ders. (1995): „Ethics, the environment and the changing international order", *International Affairs* 71, 1995, S. 453–461.

Ders. (1996): *Basic Rights: Subsistence, Affluence, and U.S. Foreign Policy*, Princeton 1996.

Ders. (2000): „Global environment and international inequality", in: *International Affairs*, 75.3, 2000, S. 531–545.

Ders. (2001): „Climate", in: D. Jamieson (Hrsg.): *A Companion to Environmental Philosophy*, Oxford 2001.

Singer, P. (1972): „Famine, affluence and morality", in: *Philosophy and Public Affairs*, 1.1, 1972, S. 229–243.

Ders. (1993): *Practical Ethics*, Cambridge 1993.

Ders. (2004): *One World*, London 2004.

Socolow, R. (2005): „Stabilization wedges: mitigation tools for the next half century", Rede, *Avoiding Dangerous Climate Change: A Scientific Symposium on Stabilization of Greenhouse Gases*, Met Office.

Stern, N. (2007): *The Economics of Climate Change*, Cambridge 2007.

Stoll-Kleeman, S. u. a. (2001): „The psychology of denial concerning climate mitigation measures: evidence from Swiss focus groups", in: *Global Environmental Change* 11, 2001, S. 107–117.

Taylor, R (1986): *Respect for Nature*, Princeton 1986.

Thomas, C. D. u. a. (2004): „Extinction risk from climate change", in: *Nature* 427, 2004, S. 145–148.

Traxler, M. (2002): „Fair chore division for climate change“, in: *Social Theory and Practice* 28.1, 2002, S. 101–134.

Tyndall, J. (2001): *Heat, A Mode of Motion*, London 2001.

United Nations (1987): *Report of the World Commission on Environment and Development*, UN Document A/RES/42/187.

United Nations (1992): *The Rio Declaration on Environment and Development*, UN Document A/CONF.151/26.

Weil, S. (1956): „The *Iliad*, or the power of force“, übersetzt von M. McCarthy, in: *Pendle Hill Pamphlet* 91, 1956.

Wilson, E. O. (2003): *The Future of Life*, New York 2003.

Wiggins, D. (2006): *Ethics: Twelve Lectures on the Philosophy of Morality*, Cambridge 2006.

Young, H. P./Wolf, A. (1991): „Global warming negotiations: does fairness count?“, in: *Brookings Review* 10.2, 1991, 46–51.

Anmerkungen

1 IPCC (2001), „Synthesereport, Zusammenfassungen für politische Entscheidungsträger", verfügbar unter: http://www.ipcc.ch/publications_and_data/publications_and_data_reports.htm#6.
2 Wenn nicht anders bezeichnet, stammen die Fakten und Zahlen in diesem Abschnitt aus: IPCC (2007): „Beitrag der Arbeitsgruppe I zum Vierten Sachstandsbericht des Zwischenstaatlichen Ausschusses für Klimaänderung (IPCC), Klimaänderung 2007: Wissenschaftliche Grundlagen", Zusammenfassung für politische Entscheidungsträger. Alle Berichte des IPCC sind unter www.ipcc.ch verfügbar.
3 Temperaturen werden in diesem Buch in Grad Celsius angegeben.
4 International Federation of Red Cross and Red Crescent Societies (2001).
5 S.C. Armstrup u. a. (2006).
6 Die erste Zahlenreihe stammt aus dem Dritten Sachstandsbericht (TAR) des Weltklimarats (IPCC). Die neuesten Zahlen stammen aus dem Vierten Sachstandsbericht (4AR).
7 James M. Inhofe, US-Senator und Vorsitzender des Ausschusses für Umwelt und öffentliche Bauten, Rede vom 28. Juli 2003.
8 Committee of the Science of Climate Change, National Research Council (2001): *Climate Change Science: An Analysis of Some Key Questions*, Washington 2001.
9 American Meteorological Society (2003), S. 84.
10 American Geophysical Union (2003).
11 Wigley, Tom M. L. u. a., Federal Climate Change Science Program (2006): „Temparature trends in the lower atmosphere", verfügbar unter: www. climatescience.gov.
12 Joint Science Academies (2005).
13 Die Stellungnahme erschien in *Science* vom 18. Mai 2001.
14 Als dieses Buch in den Druck ging, ergab eine Internetrecherche, dass noch weit mehr Körperschaften die Erkenntnisse des Weltklimarats unterstützen.

15 Für weitere Informationen über die Wissenschaft des Klimawandels siehe: Houghton, J. (2004). Wenn Sie es lesen, werden Sie wissen, welche Anleihen ich bei Houghton gemacht habe. Wenn nicht anders angegeben, sind alle in diesem und im nächsten Abschnitt angegebenen Zahlen aus seinem ausgezeichneten Buch, das auf Erkenntnissen des Weltklimarats basiert.

16 Tyndall, J. (1870).

17 Revelle, R./Suess, H. E. (1957).

18 Die Details in diesem Abschnitt stammen vom Weltklimarat: IPCC (2007), „The Physical Science Basis".

19 Thomas, C. D. u. a. (2004).

20 Wilson, E. O. (2003).

21 Anschauliche denkbare Zukunftsvisionen lesen Sie in: Lynas, M. (2007).

22 Darüber wurde vielfach berichtet, vor allem am 22. November 2000 von Reutters.

23 Diese Details stammen aus: Houghton, J. (2004), Kapitel 7.

24 Für die Fakten und Zahlen siehe: IPCC (2007), „Impacts, Adaptation and Vulnerability".

25 Siehe IPCC (2007), „The Physikal Science Basis".

26 Lovelock, J. (2006).

27 Bentham, J: (1996).

28 Aristoteles (1996), Buch 1, Kapitel 8.

29 Für eine Darstellung der utilitaristischen Sichtweise: Singer, P. (1993); für die Sichtweise der Tugendethik: Hacker-Wright, J. (2007); für die kantische Sicht: Regan, T. (1983). Für einen ausgezeichneten Überblick über das Gebiet und eine stringente Darstellung des Konsequenzialismus in der Umweltethik siehe: Attfield, R. (2003).

30 Taylor, P. (1986).

31 Zum Ursprung dieser Gedanken vgl. Leopold, A. (1949): *A Sand County Almanac*, Oxford 1949; für neue Arbeiten vgl. zum Beispiel Rolston, H. III (1994): „Value in Nature and the Nature of Value", in: Attfield, R. (1994) *Philosophy and the Natural Environment*, Cambridge 1994.

32 Williams, B. (1994): „Must a concern for the environment be centred on human beings?", in: Gruen, L./Janieson, D. (Hrsg.): *Reflecting on Nature*, Oxford 1994.

33 Jamieson, D. (2002), S. 291f.

34 Ebenda, S. 293.
35 Gardiner, S. (2006b). Es gäbe noch mehr zu Gardiners Darstellung dieses Problemmerkmals zu sagen.
36 Für den Anfang vgl. Poundstone, W. (1992).
37 Hardin, G. (1968).
38 Gardiner nennt seine Version *Pure Intergenerational Problem*, und seine Erörterung (Gardiner 2006) ist lehrreich.
39 Für das Ende der Dinge aus philosophischer Sicht vgl. Grubb, M. (1995) und Jamieson (2002). Wir werden etwas detaillierter im nächsten Kapitel darauf zurückkommen.
40 Zum Beispiel Rawls, J. (1999) und Barry, B. (1989).
41 Es ist eine berechtigte Frage, ob die Bäume meines Landes Teil der *gemeinsamen* Kohlenstoffminderungsfähigkeit oder Teil der Kohlenstoffsenke *meines Landes* sind. Wahrscheinlich zählen die Ozeane nicht für die Kohlenstoffabsorption irgendeines Landes. All dies ist sicherlich wichtig für Fragen, die den Emissionshandel betreffen, aber wir können sie im Moment ignorieren.
42 Für Daten relativ aktueller Emissionen vgl. *Pew Centre Report* (2004), „Climate data: insights und observations“, verfügbar unter: www.pewclimate.org. Die folgenden Zahlen stammen vom US Department of Energy's Carbon Dioxide Information Analysis Center (CDIAC) für die Statistikabteilung der Vereinten Nationen, verfügbar unter: www.unstats.un.org.
43 Daten, die die Gesamtemissionen betreffen, stammen von: World Resources Institute (2005): Climate Analysis Indicators Tool (CAIT), Version 3.0., verfügbar unter: www.cait.wri.org.
44 Singer, P. (2004) „One Atmosphere“, in: ders. (2004).
45 Shue, H. (2000), S. 535.
46 United Nations (1992).
47 Singer, P. (2004), S. 33f.
48 Shue, H. (2000), S. 536.
49 Shue, H. (1993).
50 Shue, H. (2000), S. 537.
51 Das Argument der Bedeutungslosigkeit räumlicher Entfernungen ist am besten dargestellt von Singer, P. (1972). Für eine genaue Betrachtung der künftigen Anliegen vgl. Attfield, R. (2003), „Taking the future seriously“.
52 Weil, S. (1956). Vgl. auch Wiggins, D. (2006).

53 Es gibt interessante Fragen, die mit Verpflichtungen gegenüber künftigen Generationen verknüpft sind, aber ich werde sie jetzt außer Acht lassen. Weiterführendes zu diesem Thema findet sich bei Parfit, D. (1983) und Mulgan, T. (2006).

54 United Nations (1987).

55 Bush, G.W. (2001): *President Bush discusses global climate change*, Pressemitteilung vom 11. Juni 2001.

56 Die folgenden Tatsachen und Zahlen stammen vom Weltklimarat IPCC (2007), „The scientific basis, summary for policy makers", ebenso wie die Definitionen über den Grad der Sicherheit. Alle Berichte des Weltklimarats sind unter www.ipcc.ch verfügbar.

57 Siehe Gardiner, S. (2006a).

58 Bush, G.W. (2001), s. Anmerkung 55.

59 Zum Beispiel: Lomborg, B. (2001); Lomborg, B. (Hrg.) (2006); Nordhaus, W. D. (Hrg.) (1998).

60 Stern, N. (2007).

61 IPCC (2007), „Impacts, adaptation and vulnerability", summary for policymakers.

62 US Government (2006): *Review of the second order draft of WGIII contribution. Climate Change 2007: Mitigation of Climate Change.* Dies wurde weit verbreitet, zum Beispiel in: „US answer to global warming: smoke and giant space mirrors", in: *The Guardian* vom 27. Januar 2007.

63 IPCC (2007), „Mitigation of climate change", summary for policymakers.

64 Pacala, S./Socolow, R. (2004).

65 Diese Details tauchen in einer Rede von Robert Socolow mit dem Titel *Stabilization wedges: mitigation tools for the next half century* auf, die im Rahmen einer Konferenz im Met Office mit dem Thema „Avoiding dangerous climate change: a scientific symposium on stabilization of greenhouse gases „ am 3. Februar 2005 veranstaltet wurde. Den Pessimismus, der hier mitschwingt, teile ich.

66 Daten, die die Pro-Kopf-Emissionen betreffen, sind über das US Department of Energy's Carbon Dioxide Information Analysis Center (CDIAC) für die Statistikabteilung der Vereinten Nationen erhältlich und sind verfügbar unter: www.unstats.un.org.

67 Die Sorge taucht an verschiedenen Orten auf, aber Zahlen sind schwer zu finden. Die hier angegebenen stammen aus: Clayton, M.

(2004): „New coal plants bury Kyoto“, in: *The Christian Science Monitor* vom 3. Dezember 2004. Die zitierten Originalquellen stammen von der US Energy Information Administration und aus verschiedenen Schätzungen der Industrie. Ich denke, wir können hinsichtlich des Negierens ziemlich sicher sein, auch wenn die Zahlen, die wir haben, nur ungefähre Schätzungen sind.

68 Singer, P. (2004), S. 44f.

69 Shue, H. (1994), S. 353.

70 All dies stammt vom CarbonTracker, der von NOAA ESRL, Boulder, Colorado, USA zur Verfügung gestellt wird. Er ist verfügbar unter: www.cmdl.noaa.gov/carbontracker.

71 IPCC (2007), „The physical science basis“, summary for policymakers. Alle Berichte des Weltklimarats IPCC sind unter www.ipcc.ch verfügbar.

72 Manche Vorschläge setzen Eingangsrichtlinien an, anstatt bestimmte Zielvorgaben anzustreben. Grundsätzlich ist daran nichts falsch, solange es gute empirische Gründe gibt zu denken, dass die Zielvorgaben nachhaltige Auswirkungen haben.

73 Eilleen Claussen, Präsidentin des Pew Center, bei einer Beratung des Committee on ways and means („Mittel-und-Wege-Komitee“) des US-Repräsentantenhauses am 28. Februar 2007.

74 Vom Global Common Institute (GCI), verfügbar unter: www.cgi.org.uk. Das GCI erkennt es als wichtig an, die Zielsetzungen in Übereinstimmung mit neuen Informationen zu revidieren, sagt aber auch, dass wir irgendwo beginnen müssen.

75 IPCC (2007), „Mitigation of climate change“, summary for policymakers.

76 Lynas, M. (2007).

77 Monbiot, G. (2006).

78 Diese und andere Zitate in diesem Abschnitt stammen aus dem UNFCCC, verfügbar unter: www.unfccc.int.

79 Pew Centre (2007): „Analysis of President Bush’s climate change plan“, verfügbar unter: www.pewclimate.org.

80 Gut lesbare, wenn auch deprimierende Darstellungen der Haltung der Bush-Regierung und der Taktiken der fossilen Brennstoffindustrien finden sich bei Gelbspan, R. (2004) und Brown, D. (2002).

81 Wahrscheinlich sollten wir einen Weg finden, um sicherzustellen, dass auch künftige Generationen vertreten sind. Siehe Feinberg, J. (1974) und Attfield, R. (2003), 4. Kapitel.

82 Nützliche Diskussionen zu diesem Gedankengang findet man bei Gardiner, S. (2004); Desombre, E. (2004); Athanasiou, T./Baer, P. (2002).

83 Für eine Ehrfurcht gebietende knappe Behandlung von mehr als 40 Vorschlägen siehe Bodansky, D. u. a. (2004): *Report for the Pew Center on Global Climate Change. International climate efforts beyond 2012: a survey of approaches*, verfügbar unter: www.pewclimate.org. Eine gute philosophische Herangehensweise an viele Arten von Vorschlägen findet sich bei Grubb, M. (1995); Gardiner, S. (2004). Beide haben verständliche Bibliografien.

84 Ich weiß nicht, ob irgendjemand diese Ansicht ernst nimmt, aber sie wird hier und dort berücksichtigt. Siehe Young, H.P./Wolf, A. (1991).

85 Benito Müller plädiert beispielsweise auf interessante Weise dafür, auf die Fairness der Verfahrens Wert zu legen. Müller, B. (1999).

86 Insgeheim bewundere ich den brasilianischen Vorschlag, der die historische Verantwortung betont. Aber seine Betonung der Vergangenheit verblendet die Sache für die Bedeutung anderer Kriterien, insbesondere der gegenwärtigen Leistungsfähigkeit. Beim brasilianischen Vorschlag kommt beispielsweise Japan aufgrund seiner späten Industrialisierung mit einer Menge ungestraft davon, obwohl es reich ist und für eine Menge der heutigen Emissionen verantwortlich ist. Der Vorschlagstext ist unter www.unfccc.int verfügbar.

87 Singer, P. (2002), S. 35.

88 Eine gute Erörterung bei Grubb, M. (1995).

89 Shue plädiert für die Behauptung, dass Menschen unveräußerliche Rechte auf minimale Emissionen haben, die für das Überleben erforderlich sind. Shue, H. (1993). In schlechten Nächten können Sie sich fragen, was zu tun ist, wenn sich herausstellt, dass nicht genügend Emissionen zur Daseinserhaltung vorhanden sind.

90 Rawls, J. (1999).

91 Siehe Meyer, A. (2001) sowie die verschiedenen Berichte und Vorschläge des Global Commons Institute, verfügbar unter: www.gci.org.uk.

92 Traxler, M. (2002).

93 Gardiner, S. (2004), S. 583.

94 Für gute Argumente gegen die Behauptung, dass Traxlers Version die beste Chance für Zusammenarbeit liefert, siehe Gardiner, S. (2004).

95 Singer, P. (2002), S. 50.

96 Die meisten Berichte über die erschreckende Bilanz und über Ausdrücke der Verärgerung erscheinen in Zeitungsartikeln, aber einige neuere Bücher äußern sich ebenso. Für den Anfang siehe Gelbspan, R. (2005); Ders. (1998); Monbiot, G. (2006); in gemäßigterem Ton: Kolbert, E. (2006).

97 Alle Zahlen in diesem Abschnitt stammen von der United Nations Statistics Devision, verfügbar unter: www.unstats.un.org.

98 Hillmann, M. (2004), S. 54–62.

99 Stoll-Kleemann, S. u. a. (2001), S. 107–117. Guter Diskussionsbeitrag bei Lynas, M. (2007), S. 282–288.

100 Singer, P. (2002), S. 40–3.

101 Monbiot, G. (2006), S. 42.

102 Die Befragung wurde vom Meinungsforschungsinstitut Globescan und dem *Program in International Policy Attitudes (Pipa)* an der Universität von Maryland durchgeführt. Über sie wurde am 25. September 2007 durch die BBC groß berichtet.

Register